Hans Joachim Fröhlich

Wege zu alten Bäumen

Band 3 – Rheinland-Pfalz
Saarland

Kuratorium
»Alte liebenswerte Bäume
in Deutschland« e.V.
Wiesbaden

WDV Wirtschaftsdienst

Gestaltung: Studio WDV,
Mechthild Glotzbach
Gesamtherstellung:
Druckhaus Münster, Kornwestheim.
ISBN: 3-926181-16-8
Kartengrundlagen:
Topographische Übersichtskarte
1:200 000, CC 5502 Köln, CC 5510,
CC 6302, CC 6310, CC 7102 und
CC 7110.
Wiedergabe mit Genehmigung des
Instituts für angewandte Geodäsie,
Frankfurt am Main, Nr. 25/91.

Bäume auf nicht öffentlich zugänglichem Privatgrundbesitz bedürfen bei Besichtigung der Zustimmung des Eigentümers.

Titelbild: Maleiche bei Nassau,
siehe Nr. 47.

Über dieses Buch

Der Wald ist zu jeder Jahreszeit ein Erlebnis für Wanderer und Spaziergänger. Ganz besonders faszinierend bei diesen Begegnungen können alte Bäume sein. Es kann ein Abenteuer sein, diese mehrhundertjährigen oder gar ein Jahrtausend alten Bäume aufzuspüren und ihrer Geschichte nachzugehen. Dieses Buch soll Ihnen dazu Anregungen geben.
Die hier aufgeführten Bäume sind von Norden nach Süden numeriert, jeweils getrennt nach Regierungsbezirken, Landkreisen und kreisfreien Städten. Darüber hinaus wurden aus dem umfangreichen Katalogwerk zehn Bäume exemplarisch ausgewählt und ausführlich beschrieben. Das zugehörige Kartenwerk hilft außerdem bei der individuellen Gestaltung von Wanderungen, Spaziergängen und Radtouren.
Sollten Fragen offen bleiben, so wenden Sie sich an die Schutzgemeinschaft Deutscher Wald mit ihren zahlreichen Kreis-, Bezirks- und Ortsverbänden. Auch die Forstämter helfen gerne.

Die Auswahl und Aufnahme der Bäume wurde durch die Mitarbeiter der Staatsforstverwaltungen Rheinland-Pfalz und Saarland, der unteren Naturschutzbehörden und der Mitglieder der Schutzgemeinschaft Deutscher Wald sehr wirksam unterstützt. Wir bedanken uns an dieser Stelle herzlich.
Ansprechpartner sind:

Schutzgemeinschaft
Deutscher Wald
Landesverband
Rheinland-Pfalz e.V.
Haus des Waldes
Richard-Müller-Straße 11
6763 Obermorschel/Pfalz
Telefon: 06362/8091

Schutzgemeinschaft
Deutscher Wald
Landesverband Saarland
Franz-Josef-Röder-Straße 9
6600 Saarbrücken
Telefon: 0681/508264

Kuratorium
Alte liebenswerte Bäume
in Deutschland e.V.
Wandersmannstraße 60
6200 Wiesbaden
Telefon: 0611/711471
Telefax: 0611/713268

Inhaltsverzeichnis

Der Baum als Symbol

Baumrecken zwingen Ehrfurcht ab und lassen Geschichte lebendig, Gegenwart wichtig und Zukunft lebenswert erscheinen. Sie können Freunde des Menschen werden, uns viel sagen, vor allem Natur und Schöpfung uns nahebringen, zum Nachdenken anregen, die Alltagshektik dämpfen und zudem auch Freude ausstrahlen und Lebensmut geben. Alte Bäume sollen auch Mahner sein, die Gesetze der Natur zu erkennen und zu wahren und das Leben nicht nur unter technischen oder materiellen Aspekten zu sehen. Sie sollen uns Kraft und Hoffnung geben, die Zukunft zu meistern, das Spannungsfeld zwischen Ökonomie und Ökologie in Einklang zu bringen, mit Tatkraft nach vorne zu wirken, frei vom Augenblick mit guten Zielen und Wegen.

Schließen wir uns Hermann Hesse an:

»Bäume sind Heiligtümer. Wer mit ihnen zu sprechen, wer ihnen zuzuhören weiß, der erfährt die Wahrheit. Sie predigen nicht Lehren und Rezepte, sie predigen, um das einzelne unbekümmert, das Urgesetz des Lebens.«

Freunde brauchen die Bäume mehr denn je, da der Wald unter der Unvernunft des Menschen leidet und mancherorts schon stirbt. Vielleicht gibt es schon bald keine Baumveteranen mehr, jene mächtigen, starken Gestalten, die jahrhundertelang Sturm, Regen, Eis und Hitze getrotzt haben und nun in ganz kurzer Zeit von dem Ausstoß der Fabriken, Heizkraftwerke, unserer Häuser und Autos krank werden.

Man muß mit Kurt Tucholsky fragen:

»Ein alter Baum ist ein Stückchen Leben. Er beruhigt. Er erinnert. Er setzt das sinnlos heraufgeschraubte Tempo herab, mit dem man unter großem Geklapper am Ort bleibt. Und diese alten Bäume sollen dahingehen, sie, die nicht von heute auf morgen nachwachsen? Die man nicht »nachliefern« kann?«

Einen alten Baum kann der Mensch nicht ersetzen. Seine Persönlichkeit wurde in Jahrhunderten geprägt und entsteht nie wieder. Häuser, Schlösser oder auch Dome lassen sich rekonstruieren. Ein Baum läßt sich nicht zwingen und auch bei bester menschlicher Technik nicht wieder aufbauen.

Heilige Bäume

In Heiligen Bäumen werden Gottheiten verehrt und die Beziehungen zu ihnen aufgenommen. Ein solcher Baum wird bereits 2000 Jahre vor Christus im Gilgamesch-Epos als Zeder beschrieben. Buddha liebte den Feigenbaum, unter dem er geboren und später erleuchtet wurde, Gott Zeus war mit der Eiche und seine Frau Hera mit dem Granatapfel, Apollo mit dem Lorbeer und Artemis mit dem Nußbaum verbunden.

Gerichtsbaum

Jahrhundertelang wurde in Deutschland unter Bäumen gerichtet. Der meist verbreitete Gerichtsbaum war die Linde, in der die Göttin Freia mit der Kraft der Weissagung lebte. Auch die Eiche wurde als Gerichtsbaum ausgewählt, oft in anderen Gegenden oder zu anderen Gerichten.

Maibaum

Heute noch gebräuchlich sind der Maibaum – Erwachen der Natur und Fruchtbarkeit, der Richtbaum – Segen für das Haus, der Christbaum – Weihnachtssymbol und der Tanz- oder Dorfbaum als Zeichen der Gemeinschaft. Immer erhoffen die Menschen sich Kraft, Zuversicht und Freude von ihren ausgewählten Bäumen.

In zahlreichen Kulturkreisen haben Bäume eine besondere Symbolkraft. In den Mythen fast aller Völker verkörpert der Weltenbaum das Sinnbild des ewigen Lebens und verbindet Himmel und Erde und Unterwelt – Weltesche Yggdrasil der Edda des 13. Jahrhunderts.

Weltenbaum

Der Lebensbaum umfaßt den gleichen mystischen Kreis – Unsterblichkeit, Jugend, Gesundheit – und tritt in zahlreichen Gestalten auf: in der assyrischen Kunst als Lotos oder Pinie, in Ägypten als Dattelpalme oder in Indien als Palme. Beim Christentum wächst er inmitten des Gartens Eden – Bibel Gen. 2/16.

Lebensbaum

Neben ihm steht der Baum der Erkenntnis, der die Polarität von Gut und Böse, Leben und Tod oder Mann und Frau verkörpert.

Baum der Erkenntnis

Wald und Baum in Rheinland-Pfalz

Das Bundesland Rheinland-Pfalz wurde erst nach dem Zweiten Weltkrieg aus der Pfalz, Rheinhessen und der Rheinprovinz gebildet. Entsprechend unterschiedlich stellen sich die historischen Waldentwicklungen dar. Die forstlichen Verhältnisse und Strömungen mußten auf eine einheitliche landespolitische Zielsetzung ausgerichtet werden.
Mit 792 300 Hektar sind 40% der Landesfläche bewaldet, nach Hessen ist Rheinland-Pfalz damit das waldreichste Bundesland. Dabei sind Landesteile wie das Weinbaugebiet Rheinhessen allerdings fast völlig waldfrei.
Die Baumartenverteilung ist regional unterschiedlich, teils vom Standort vorbestimmt, oft aber vom Menschen geprägt. Wo der Wald industriellen Anforderungen untergeordnet wurde, wurde er so oft ausgeplündert, daß er nur künstlich wiederaufgeforstet werden konnte.
Heute strebt man natürlich eine Bewirtschaftung nach ökologischen Gesetzmäigkeiten an. Die Wälder sollen artenreich und widerstandsfähig sein, um den wichtigen Lebensraum für Pflanzen

und Tiere zu gestalten und zu pflegen.
Noch sind viele alte Bäume vorhanden. In der Pfalz wurden besonders die Alteichen wegen ihres guten, geraden Wuchses und ihrer Holzqualität berühmt. Im Rheintal werden die Reste der ursprünglichen Auewälder, die sich durch eine für Mitteleuropa unübertroffene Artenvielfalt hervorheben, bewahrt und gepflegt.
Auf Eruptivgesteinen recken sich herrliche Laubwälder mit den herrschenden Buchen gen Himmel. In den Dörfern gehören die vielen alten Bäume zum Gemeinwesen und in den traditionellen Jagdrevieren wie Entenpfuhl und Johanniskreuz wurden Altbäume ganz selbstverständlich erhalten.

Zehn Baumgeschichten

Zeder an der Porta Nigra in Trier

Ein Gang durch Trier ist ein Weg durch die europäische Geschichte. Schon vor Christi Geburt verlieh der römische Kaiser Augustus der treverisch-keltischen Siedlung die Stadtrechte und gab dieser römischen Stadt die treffende Bezeichnung »Augusta Treverorum«. Das bedeutet, daß die Treverer weit vor der Eroberung durch Cäsar – 57. v. Chr. – hier eine Kultur-, Handels- und Siedlungsstätte unterhielten, von der aus die spätkeltische Kultur, insbesondere die Hunsrück-Eifel-Kultur, weit ins Land ausstrahlte. Jahrhundertelang war Trier eine der bedeutendsten römischen Städte nördlich der Alpen, nach 285 sogar Hauptstadt des Westreichs. Die Bedeutung Triers zeigt sich vor allem in seinen Bauten. Das Amphitheater, die Thermen, die gewaltigen Festungsanlagen und besonders die berühmte Porta Nigra erinnern bis heute an die Glanzzeiten dieser ältesten Stadt Deutschlands.
Im Norden der Porta Nigra wächst in dem alten Klosterhof des St.-Josef-Stifts eine Zeder, die von einem Trierer aus dem Libanon mitgebracht wurde. Er pflanzte

sie etwa zur Zeit der Erbauung des Klosters, 1891. Über mehrere Jahre beobachteten die Nonnen, daß der Pflanzer seinen Baum regelmäßig besuchte. Darüber hinaus bat er sie, sich um die junge Zeder zu kümmern.
Die liebevolle Hege hat dem Baum gut getan. Er besitzt heute eine Höhe von 22 m, erreicht einen Stammumfang von 350 cm, eine Kronenbreite von 24 m und hat sich damit in rund 100 Jahren zu einem stattlichen Exemplar entwickelt.

Katalog-Nr.: 139

Femelinde in Feldkirchen

Die Femelinde in Feldkirchen bei Neuwied hat eine lange Geschichte als Gerichtsbaum. Bereits 1343 hat der Graf von Wied unter dieser Sommerlinde Recht gesprochen. Tische, Bänke und Pfeiler aus Stein, die vor der Linde stehen, stammen aus der Zeit von 1600 bis 1620. Noch heute finden jährlich Versammlungen der Märkerschaft Feldkirchen zu sogenannten »Märkergerichten« auf dem Lindenplatz statt.
Der Baum, der 600 bis 800 Jahre alt ist, erreicht eine Höhe von 15 m und hat einen Stammum-

fang von 425 cm. Nach 4 bis 5 m teilt sich der starke Erdstamm in dicke, weit ausladende Äste auf. Stamm und Hauptäste der Linde sind – wie bei vielen alten Bäumen – hohl. Dennoch grünt und blüht die Linde noch in jedem Frühling und Sommer.

Katalog-Nr.: 31

Knauteiche bei Misselberg

Katalog-Nr.: 46

Was wäre wohl aus der heute 400 Jahre alten Traubeneiche geworden, wären um die Jahrhundertwende nicht drei Herren in Bad Nassau zur Kur gewesen.
Die Gemeindeväter von Misselberg wollten zu dieser Zeit den alten, großen Eichenbaum am Verbindungsweg Misselberg-Diesethal-Sulzbach fällen und mit dem Holzerlös die Gemeindekasse aufbessern. Die drei Kurgäste hörten davon und kauften den Baum mit der Auflage, ihn zu erhalten, der Gemeinde für die stolze Summe von 100 Goldmark ab. Der Baum bedankte sich bei seinen Rettern durch ein gesundes Wachstum.
Heute ist die Traubeneiche 30 m hoch, erreicht 670 cm Stammumfang und einen Kronendurchmesser von 25 m.

Bäume von Schloß Münchweiler

Die Landschloßanlage Münchweiler wurde zwischen 1750 und 1785 erbaut und war damals von Alleen, Garten- und Parkanlagen umgeben. In der napoleonischen Besatzungszeit gingen jedoch viele Bäume rund um die Schloßanlage verloren. Der damalige Waldbesitzer, der napoleonische General Rupp, ließ von 1794 bis 1805 zahlreiche Bäume fällen und verkaufte die daraus erzeugte Holzkohle an eine Eisenhütte in Elsaß-Lothringen. Allein dem Schloßherren, Karl Hugo von Randt und Hagen, verdanken wir es, daß es heute wenigstens noch einige alte Bäume um das Schloß herum gibt. Er lehnte sich gegen die napoleonische Regierung auf und konnte so beispielsweise eine alte Esche, die am nördlichen Eingang der Schloßanlage steht, retten.

700 Meter nördlich des Schlosses, am Weierweiler Weg, steht außerdem eine ca. 250 Jahre alte Linde. Der Baum wurde wahrscheinlich zur Hochzeit Karl Emmerich von Merlls mit Freiin Elisabeth von Bitzke 1730 gepflanzt. Als Zeichen der Fürbitte

ist außerdem ein Kreuz neben der Linde errichtet.
Eine weitere Linde wächst 500 Meter nördlich der Schloßanlage in einem Wiesental. Der vieltriebige, weit ausladende Baum mit seinen heraustretenden Elefantenfüßen ist mit 28 m Höhe, einem Stammumfang von 550 cm und einer ausladenden Krone von 25 m eine stattliche Erscheinung. Man schätzt das Alter dieses Baumes auf rund 300 Jahre. Damit ist die Linde noch etwas älter als das Schloß Münchweiler selbst.

Katalog-Nr.: 5
(Saarland)

Speierling bei Bad Bergzabern

Bei Bad Bergzabern in der Flur »Auf der Höhe«, 600 m südöstlich von Dörrenbach und 50 m oberhalb des Höhenwegs steht inmitten von Kirschbäumen ein 250 bis 300 Jahre alter Speierling. Man ließ ihn dort stehen, weil diese wilde Obstbaumart heute fast ausgestorben ist.
Der Speierling, auch Sperberbaum oder Zahme Eberesche genannt, gehört zu der großen Familie der Rosengewächse. Die Gattung Sorbus, gleich Apfelfrüchtler, umfaßt sehr interessante und teilweise weit verbreitete

Arten wie die Vogelbeere, die unserer Spezies sehr ähnlich ist, oder die Maulbeere, die Elsbeere und viele natürliche Bastardierungen.
Die Speierlinge wurden bevorzugt Obstweinen, besonders dem Apfelwein zugegeben, um den Geschmack und die Haltbarkeit zu verbessern. Für diesen Verwendungszweck sind sie noch heute begehrt und werden wieder angebaut, auch wenn ihre Früchte im Verhältnis zu unseren Kultursorten sehr klein sind.
Der beschriebene Baum gehört mit 11 m Höhe und einem Stammumfang von 180 cm zu den mächtigen Exemplaren seiner Art. Von seinem Standort aus hat man einen weiten Blick in die Weinberge und die Landschaft bis nach Karlsruhe.

Katalog-Nr.: 181

Zweibeinbuche im Soonwald

Der Soonwald ist mit 25 000 Hektar ein großes geschlossenes Waldgebiet im Südosten des Hunsrücks. Im 19. Jahrhundert wurden die ursprünglich reinen Laubwälder jedoch durch Vieheintrieb und Streunutzung stark geschädigt, und deshalb sah man

auch hier die letzte Rettung im Anbau von Nadelhölzern.
Bekannt geworden ist der Soonwald vor allem durch seine reichen Wildbestände. Kaiser Ludwig der Fromme hat hier ebenso gejagt die der sagenumwobene Jäger aus Kurpfalz.
Im Forstamt Neupfalz, Forstrevier Opel, findet sich eine dendrologische Erscheinung ganz besonderer Art. Zwei Buchen sind in 2 m Höhe so eng zusammengewachsen, daß man nicht einmal die Verwachsungsstelle erkennen kann, während man im unteren Teil bequem durch die Stämme hindurchgehen kann. Man fragt sich, welche Kräfte die Bäume so fest aneinandergebunden haben mögen, daß sie trotz Wind und Sturm seit etwa 150 Jahren zusammen blieben.
Man findet die verwachsenen Bäume, wenn man von dem Waldparkplatz an der Kreuzung der Straßen nach Gräfenbacherhütte und Dörenbach auf der geteerten Waldstraße 500 m nach Nordwesten wandert und auf dem großen Schneisenkreuz rechts nach Nordosten einem Waldweg

300 m weit bis zu einem leuchtenden Birkenbestand folgt.

Katalog-Nr.: 87

Kiefer auf dem Teufelstisch im Pfälzer Wald

Wüste und Meer, Wind und Wetter formten im Lauf von 250 Millionen Jahren Erdgeschichte ein urwüchsiges Bundsandsteingebilde: Auf zwei ungleich starken, knapp 8 m hohen Pfeilern liegt eine mächtige Platte, die ihre Stützen weit überragt. Die Oberfläche dieses Steintisches beträgt ca. 50 m^2, die Dicke der Platte schwankt zwischen 1,20 m und 3,30 m und ihr Gewicht dürfte zwischen 250 und 300 Tonnen liegen.
Die Sagen des Pfälzer Waldes stimmen darin überein, daß nur der Teufel selbst sich diesen Tisch geformt haben kann, um von ihm zu essen. Menschenherzen, so die Teufelssagen, sind in der Speisekarte übrigens inbegriffen.
In der geringen Bodenauflage, die der Wind angetragen hat, und in den Spalten, die die Verwitterung schuf, wächst auf der Tischplatte eine Kiefer. Man hat sich oft gefragt, wie alt dieser widerstandsfähige Baum wohl ist. Auf

Katalog-Nr.: 176

einem Foto von 1908 ist die Kiefer bereits zu sehen. Hundert Jahre müßte sie demnach mindestens alt sein, wahrscheinlich aber viel älter. Bereits bei der ersten Besteigung des Teufelstisches im Jahre 1923 berichtete der Kletterer nämlich, daß er sich über den Tischrand an einer Baumwurzel hochgezogen habe, die zu seinem Erstaunen auch hielt. Die Kiefer mußte 1923 also bereits die gesamte Oberfläche mit Wurzeln überzogen haben.
Endgültige Klarheit über das Alter erhielt man erst 1987 durch eine Jahresringbohrung, die mit Hilfe einheimischer alpiner Kletterer durchgeführt wurde. 150 Jahre ist die Kiefer demnach alt. Die Jahresringe sind extrem eng und zeigen damit, daß der Baum auf dem steinigen Untergrund über Jahrzehnte einen harten Existenzkampf führen mußte.

Wildbirnen am Gerhardskies bei Hördt

In den Auewaldungen des Rheins findet man vereinzelt noch Wildobstbäume. Im Forstamt Bellheim am Gerhardskies stehen beispielsweise noch einige Wildbirnen, die hier genügend Licht und Freiraum zum Überleben fanden. Die Bäume zeigen dies mit einer Höhe von 16 bis 18 m und einem Stammumfang von bis zu 270 cm. Ihr Alter konnte durch eine Bohrung auf 100 Jahre ermittelt werden.
Die Bedeutung der Wildobstbäume wurde in den letzten Jahrzehnten oft verkannt. Sie tragen im Gegensatz zu den Zuchtsorten weit weniger Früchte, und darüber hinaus fallen diese auch wesentlich kleiner aus als bei den veredelten Arten. Je mehr die Früchte jedoch entsprechend dem Geschmack der Verbraucher zurechtgezüchtet werden, desto enger kann die genetische Variabilität werden. Um dies zu verhindern, brauchen die Zuchtobstbäume oft eine »Blutauffrischung«. Über Wildgene werden wieder Kraft und Widerstandsfähigkeit in die Baumart zurückgeführt.

Die Wildformen unserer Obstbäume sind also nicht nur Naturschönheiten, sondern auch wichtige Ressourcen unserer veredelten Baumarten.

Katalog-Nr.: 183

Eine Gruppe von Edelkastanien, 220 Jahre alt, 20 bis 25 m hoch, mit einem Stammumfang von 300 bis 350 cm, erinnert an das Schicksal des Schlosses Karlsberg bei Homburg.
Am 5. November 1775 übernahm der fast 30jährige Herzog Karl II. August Christian von Zweibrücken, Pfalzgraf bei Rhein, die Regierung seines stark zersplitterten, aber strategisch wichtigen Territoriums. Er begann mit dem Bau seiner nach ihm benannten Residenz, dem Schloß Karlsberg, das in seiner Größe und Pracht sogar Versailles übertroffen haben soll. So stand in dem Schloßgebiet beispielsweise eine Kaserne für 1400 Soldaten, waren Zwinger für 1000 Hunde aus allen Erdteilen angelegt, und es gab Reitbahnen und Parkanlagen, in denen Tiere und Pflanzen aus aller Welt gehalten wurden, um nur einige der Superlative oder vielleicht auch Kuriositäten zu nennen.
Wenige Jahre nach der Vollendung des Prachtbaus 1793 wurde das Schloß von den französischen Revolutionstruppen völlig zerstört, und – wie so oft – mußten

Bäume auf dem Karlsberg bei Homburg

auch hier die umliegenden Wälder zur Schuldentilgung und Kriegsfinanzierung herhalten.
1952 wurden die noch verbliebenen 21 Herzogskastanien auf dem Karlsberg zu Naturdenkmälern erklärt. Heute erinnern noch zehn der stattlichen Bäume und einige Mauerreste an die einstmalige Pracht.

Katalog-Nr.:22
(Saarland)

Schöne Eiche bei Endlichhofen

Warum der Baum die »Schöne Eiche« genannt wird, ist nicht schwer zu erraten: Der mächtige, walzenförmige Stamm der Eiche geht in eine volle, gleichmäßige und dichte Krone über, die sich wie ein Baldachin ausbreitet. Der auf 400 Jahre geschätzte Baum erreicht einen Stammumfang von 700 cm, eine Höhe von 20 m, eine Breite von 22 m und ist daher schon von seinen Ausmaßen ein beeindruckendes Exemplar. Jeder Ast, ob dick oder dünn, ist schlangenartig gewunden, was der Eiche darüber hinaus eine geheimnisvolle Ausstrahlung verleiht.
Als Schattenspender wußte schon Wilhelm II. die »Schöne Eiche« zu schätzen, der hier 1911 wäh-

rend der Kaisermanöver rastete. Weniger friedliche Zeiten erlebte der Baum nach dem Ersten Weltkrieg. Damals steckten die Franzosen die Eiche in Brand. Gleiches widerfuhr ihr nochmals 1976. Beide Brandanschläge hat der Baum jedoch gut überstanden. Er hat zwar, wie viele alte Bäume, einen hohlen Stamm, ist aber gut saniert und wird den Spaziergängern wohl noch lange Freude bereiten.

Katalog-Nr.: 48

Übersichtskarte Rheinland-Pfalz
Nordteil

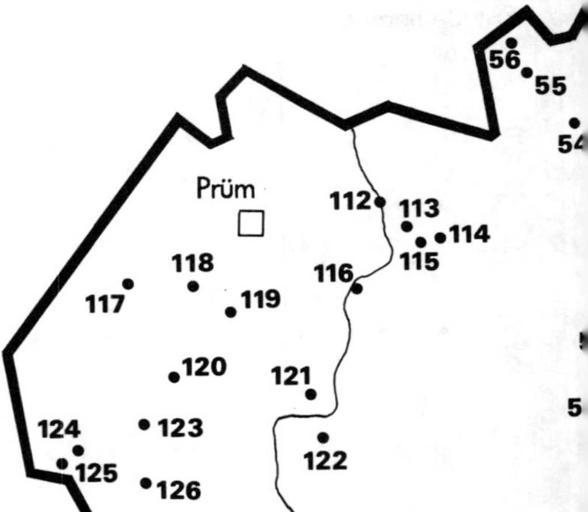

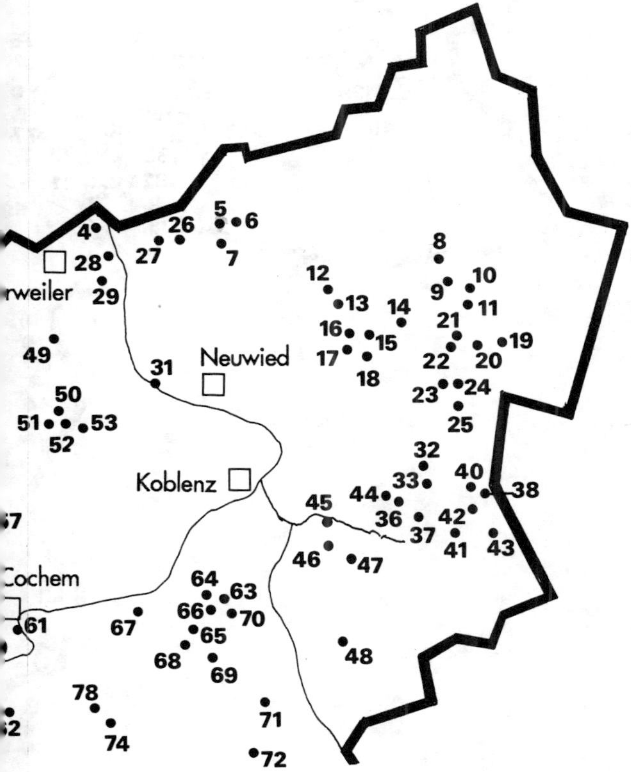
Neuwied
Koblenz
Cochem
4
5
6
7
8
9
10
11
12
13
14
15
16
17
18
19
20
21
22
23
24
25
26
27
28
29
31
32
33
36
37
38
40
41
42
43
44
45
46
47
48
49
50
51
52
53
61
63
64
65
66
67
68
69
70
71
72
74
78

Übersichtskarte Rheinland-Pfalz
Südteil

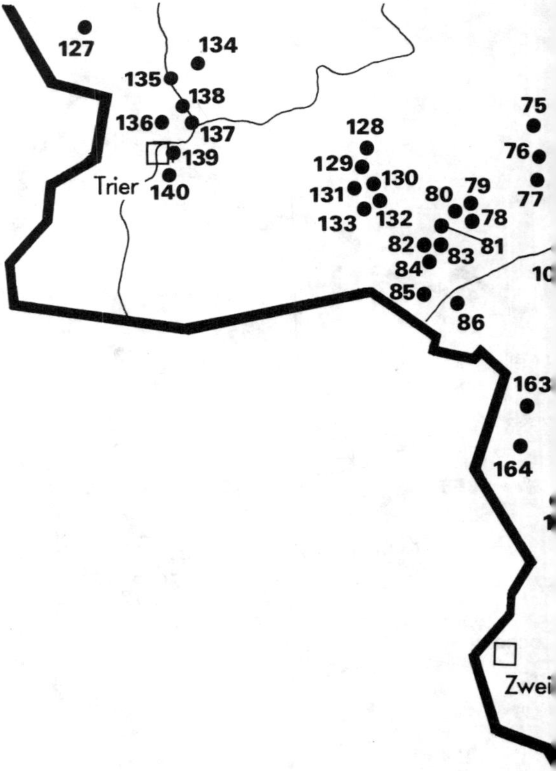

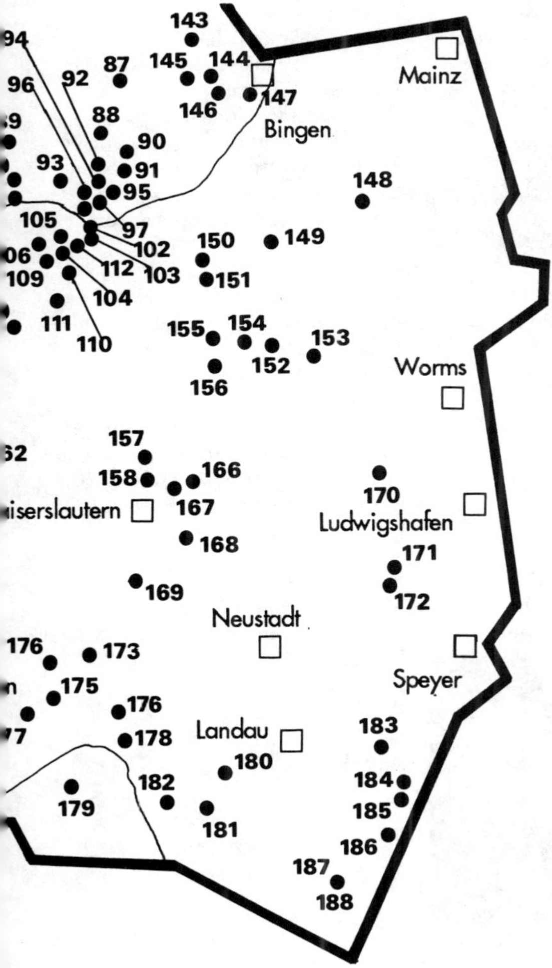
Mainz
Bingen
Worms
Ludwigshafen
Neustadt
Speyer
Landau
143
144
145
146
147
148
149
150
151
152
153
154
155
156
157
158
166
167
168
169
170
171
172
173
175
176
178
179
180
181
182
183
184
185
186
187
188
87
88
90
91
92
93
95
96
97
102
103
104
105
109
110
111
112

Regierungsbezirk Koblenz
Altenkirchen

1 Linde an der Kirche in Birken

Baumart: Linde
Alter: ca. 500 Jahre
Höhe: 19 m Krone: 19 m
Umfang: 430 cm
Forstamt: Altenkirchen
Besonderheiten: starker, sehr kurzer Stamm mit ausgeprägten Wurzelanläufen
Standort: an der katholischen Kirche in Birken

2 Eiche bei Honigessen

Baumart: Eiche
Alter: ca. 300-400 Jahre
Höhe: 29 m Krone: 20 m
Umfang: 490 cm
Forstamt: Altenkirchen
Besonderheiten: starkbeuliger Stamm, schüttere Krone
Standort: an der Kreisstraße K 70, Nordseite, im unteren westlichen Teil nahe der K 68

3 Eiche an der alten Schule in Honigessen

Baumart: Eiche
Alter: ca. 300 Jahre
Höhe: 17 m Krone: 17 m
Umfang: 375 cm
Forstamt: Altenkirchen
Besonderheiten: so breit wie hoch
Standort: in der Grünanlage der alten Schule

4 Goldulme am Amtsgericht in Altenkirchen

Baumart: Ulme
Alter: ca. 250 Jahre
Höhe: 24 m Krone: 15 m
Umfang: 320 cm
Forstamt: Altenkirchen
Besonderheiten: kandelaberförmige Verastung über kurzem Stamm
Standort: am Amtsgericht in der Rathausstraße

5 Brunneneiche in Kaffroth

Baumart: Eiche
Alter: ca. 600 Jahre
Höhe: 22 m Krone: 23 m
Umfang: 710 cm
Forstamt: Altenkirchen
Besonderheiten: 5 m hoher starker Stamm, dann Zwiesel, Traubeneiche, 1990 saniert
Standort: in Kaffroth

6 Alte Eiche in Flammersfeld

Baumart: Eiche
Alter: ca. 200-250 Jahre
Höhe: 26 m Krone: 21 m
Umfang: 300 cm
Forstamt: Altenkirchen
Besonderheiten: efeubewachsener Stamm, schön geformte volle Krone, Stieleiche
Standort: vor der evangelischen Kirche

7 Alte Eiche in Rott

Baumart: Eiche
Alter: ca. 400 Jahre
Höhe: 24 m Krone: 22 m
Umfang: 460 cm
Forstamt: Altenkirchen
Besonderheiten: starker Wurzelanlauf, hohler Stamm, Traubeneiche
Standort: gegenüber Gasthaus »Zur alten Eiche« an der Hauptstraße

8 Alte Eiche in Langenbach

Baumart: Eiche
Alter: ca. 800-1000 Jahre
Höhe: 16 m Krone: 17 m
Umfang: 510 cm
Forstamt: Rennerod
Besonderheiten: kurzer hohler sanierter Stamm von 4 m Höhe, dann 2 Hauptäste
Standort: Gemarkung Langenbach, kurz vor dem Ortsausgang Langenbach nach Daaden, an der Einmündung der Straße »In der Trift« in die Hauptstraße

9 Dreisbacher Starkbuche

Baumart: Buche
Alter: ca. 200-300 Jahre
Höhe: 18 m Krone: 24 m
Umfang: 450 cm
Forstamt: Rennerod
Besonderheiten: typische Büschelpflanzung, starke Wurzelanläufe, kurzer Stamm, Vielfachverästelung
Standort: auf einer Viehweide in der

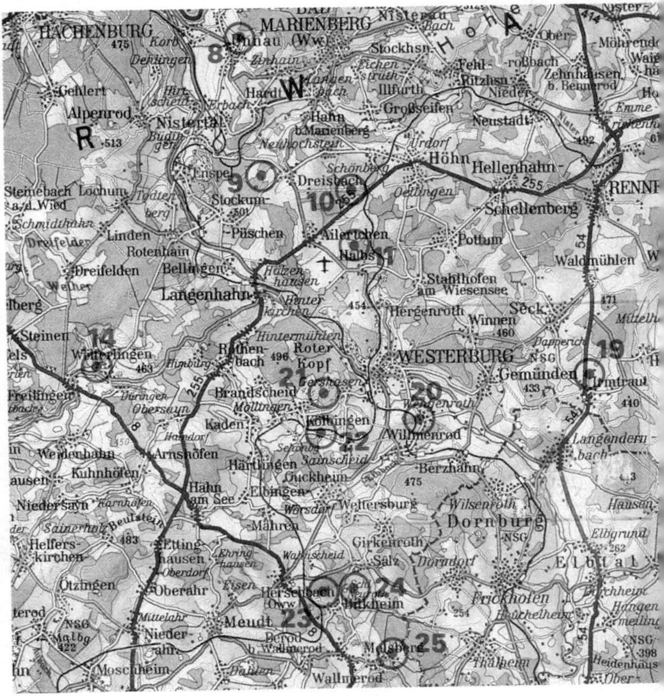

Waldecke am Südrand des Gemeindewaldes Dreisbach, westlich des Ortes Dreisbach

10 Adolfslinde bei Ailertchen

Baumart: Linde
Alter: ca. 250 Jahre
Höhe: 26 m Krone: 20 m
Umfang: 440 cm
Forstamt: Wallmerod
Besonderheiten: Stamm etwa 8 m, 7 Hauptäste
Standort: Germarkung Höhn an der B 255 zwischen Ailertchen und Höhn am Bahnübergang

11 Huteeiche bei Halbs

Baumart: Eiche
Alter: ca. 200 Jahre
Höhe: 23 m Krone: 22 m
Umfang: 410 cm
Forstamt: Wallmerod
Besonderheiten: Stamm ca. 2,50 m, dann 8 Hauptäste, Kugelkrone
Standort: Gemarkung Halbs, 1 km nördlich des Ortes nahe der Stromleitung am Rande einer Aufforstungsfläche und der Viehweide

12 Dicke Eiche bei Freirachdorf

Baumart: Eiche
Alter: ca. 600-800 Jahre
Höhe: 20 m Krone: gestutzt
Umfang: 660 cm
Forstamt: Selters
Besonderheiten: der breite Schaft wölbt sich über viele Tatzenfüße, geht in 4 m Höhe in 3 Hauptbäume über, melioriert und stark gestutzt
Standort: von Freirachdorf 500 m ostwärts, am Guckelsberg 20 m im Wald, gut beschildert
Literatur: Fr. 89

13 Klosterlinde in Herschbach

Baumart: Linde
Alter: ca. 250-300 Jahre
Höhe: 25 m Krone: 12 m
Umfang: 560 cm
Forstamt: Selters
Besonderheiten: starker Wurzelanlauf, tiefbekront – sehenswert die Lindenallee zum Friedhof
Standort: hinter der Kirche, vor dem Kloster

14 Geschworenen-Linde in Wölferlingen

Baumart: Linde
Alter: ca. 300-400 Jahre
Höhe: 18 m Krone: 15 m
Umfang: 380 cm
Forstamt: Selters
Besonderheiten: Sehr starker Wurzelanlauf, Stamm etwa 6 m hoch, Wasserreiserkranz in etwa 4 m. Weitere Solitäreiche im Naturschutzgebiet am Wölferlinger Weiher südöstlich der Straße nach Rotenhain.
Standort: Heidestraße 10/11, Ortsausgang

15 Eiche am Jagdhaus in Maxsain

Baumart: Eiche
Alter: ca. 350-450 Jahre
Höhe: 25 m Krone: 25 m
Umfang: 550 cm
Forstamt: Selters
Besonderheiten: Stark ausladende Krone, sehr stark horizontal ausgerichtete Äste, bizarre Seitenansicht. Dahinter 4 ca. 300jährige Altbuchen gewaltiger Dimension, Elefantenfuß, Umfang 400-450 m, Höhe 30-40 m, talaufwärts 2 weitere Eichen.
Standort: am Waldeingang, am Jagdhaus auf dem Grundstück von Dr. H. Vorwerk

16 Altbuche am Oberwald bei Selters

Baumart: Buche
Alter: ca. 300-400 Jahre
Höhe: 24 m Krone: 25 m
Umfang: 530 cm
Forstamt: Selters
Besonderheiten: starker Drehwuchs, Astverwachsungen, voll Runzeln und Gesichter, Krone verkahlend, Blätter klein, Stamm morsch
Standort: an der Bahnüberführung am Waldeingang Abt. 6a

17 Linde am Forstamt Selters

Baumart: Linde
Alter: ca. 250-300 Jahre
Höhe: 25 m Krone: 27 m
Umfang: 430 cm
Forstamt: Selters
Besonderheiten: in 3 m Höhe vielarmig aufgeteilt, Sommerlinde, Spitzen zum Teil trocken werdend
Standort: gegenüber dem Forstamt, unterhalb Parkplatz

18 Kaiserlinde in Quirnbach

Baumart: Linde
Alter: ca. 120 Jahre
Höhe: 23 m Krone: 15 m
Umfang: 240 cm
Forstamt: Selters
Besonderheiten: Winterlinde, in 3 m Höhe in 4 Stämme aufgeteilt. Die Äste sind hängend und bilden einen Mantel bis zur Erde. Als Friedenslinde am 22. März 1871 gepflanzt.
Standort: Lindenstraße

19 Linden-Kuriosum bei Irmtraut

Baumart: Linde
Alter: ca. 100 Jahre
Höhe: nicht meßbar
Umfang: nicht meßbar
Krone: nicht meßbar
Forstamt: Rennerod
Besonderheiten: Liegende Baumrelikte, im unteren Teil vom Vieh geschält, Kronenausbildung nur oberseitig. Vor einigen Jahren vom Sturm geworfen, aber begrünt.
Standort: ca. 80 m östlich der Straße zwischen Rennerod und Irmtraut auf der Viehweide

20 Lindenpaar in Wengenroth

Baumart: Linde
Alter: ca. 300-400 Jahre
Höhe: 21/23 m Krone: 20/12 m
Umfang: 400/450 cm
Forstamt: Wallmerod
Besonderheiten: kurze knorrige Stämme, einseitige Verastung, saniert
Standort: Germarkung Wengenroth, am Ortsausgang an der Straße nach Westerburg

21 Linde am Friedhof von Gershasen

Baumart: Linde
Alter: ca. 600-700 Jahre
Höhe: 26 m Krone: 23 m
Umfang: 670 cm
Forstamt: Wallmerod
Besonderheiten: 1. Verastung in 2 m Höhe, Hauptverastung in 10 m Höhe, eiförmige Krone, Sommerlinde
Standort: am Friedhof, an der Straße nach Sainschaid

Baumart: Linde
Alter: ca. 500-600 Jahre
Höhe: 25 m Krone: 23 m
Umfang: 560 cm
Forstamt: Wallmerod
Besonderheiten: kurzer (3 m) hohler Stamm, saniert, dann Teilung in 12 Hauptäste, trapezförmige Krone
Standort: Gemarkung Sainschaid nordwestlich von Sainschaid, 50 m westlich der Straße nach Kölbingen, am Spiel- und Grillplatz

22 Linde bei Sainschaid

Baumart: Linde
Alter: ca. 500-600 Jahre
Höhe: 27 m Krone: 25 m
Umfang: 520 cm
Forstamt: Wallmerod
Besonderheiten: Stamm mit starkem Anlauf, erste Verastung in 3 m Höhe, 7 Hauptäste in 6 m Höhe, volle tiefe Krone
Standort: Gemarkung Bilkheim, am Ostteil des Hofgutes hinter den Stallungen

23 Linden am Hof Neuroth bei Bilkheim

24 Linde bei Bilkheim

Baumart: Linde
Alter: ca. 500 Jahre
Höhe: 23 m Krone: 20 m
Umfang: 540 cm
Forstamt: Wallmerod
Besonderheiten: kurzer knorriger Stamm, tief und voll bekront
Standort: Gemarkung Bilkheim etwa 150 m südlich der Straße Bilkheim-Salz, in Höhe des Forsthauses, in den Feldern des Hofgutes

25 Alte Eiche mit Bildstock in Molsberg

Baumart: Eiche
Alter: ca. 500-600 Jahre
Höhe: 19 m Krone: 25 m
Umfang: 520 cm
Forstamt: Wallmerod
Besonderheiten: besonders knorriger Stamm mit weit ausladenden Hauptästen
Standort: am Ortsausgang von Molsberg in Richtung Dornburg

26 Starke Eiche bei Neustadt/Wied

Baumart: Eiche
Alter: ca. 400 Jahre
Höhe: 17 m Krone: 25 m
Umfang: 400 cm
Forstamt: Linz/Rhein
Besonderheiten: sehr starker Wurzelanlauf, beuliger Stamm von ca. 4 m Höhe, tiefe ausladende Krone, Stieleiche
Standort: Waldrand, an der K 78 Abt. 19 a, Gemeindewald Neustadt/Wied

27 Eiche bei Gehrhardshahn

Baumart: Eiche
Alter: ca. 300-400 Jahre
Höhe: 17 m Krone: 10 m
Umfang: 390 cm
Forstamt: Linz/Rhein
Besonderheiten: starker beuliger Stamm, Krone z.T. abgestorben, starke Blitzschäden, Traubeneiche
Standort: an der K 78 bei Gehrhardshahn

28 Buche an der »Oberen Verschönerung« in Linz

Baumart: Buche
Alter: ca. 200-250 Jahre
Höhe: 26 m Krone: 25 m
Umfang: 395 cm
Forstamt: Linz/Rhein
Besonderheiten: Tiefzwiesel, beuliger Stamm, ausladend bekront
Standort: »Obere Verschönerung« in Linz

29 Buche in der »Mittleren Verschönerung« in Linz

Baumart: Buche
Alter: ca. 200 Jahre
Höhe: 34 m Krone: 25 m
Umfang: 380 cm
Forstamt: Linz/Rhein
Besonderheiten: Büschelpflanzung, knorriger Stamm mit weiter und tiefer Krone, Rotbuche
Standort: »Mittlere Verschönerung« in Linz am Bachgrundweg

30 Eiche in der »Verschönerung« in Linz

Baumart: Eiche
Alter: ca. 250 Jahre
Höhe: 24 m Krone: 17 m
Umfang: 380 cm

Forstamt: Linz/Rhein
Besonderheiten: kurzer Stamm mit 5 Hauptästen, Krone einseitig eingeengt, Stieleiche
Standort: »Untere Verschönerung« in Linz, am Bachgrundweg

31 Femelinde in Feldkirchen

Baumart: Linde
Alter: ca. 600-800 Jahre
Höhe: 15 m Krone: 18 m
Umfang: 425 cm
Forstamt: Linz/Rengsdorf
Besonderheiten: Gerichtsbaum, Pfeilerbasilika (Märkergericht seit 1840), Sommerlinde
Standort: vor der Feldkirche in Neuwied-Feldkirchen
Literatur: Fr. 89

32 Linde in Eppenrod

Baumart: Linde
Alter: ca. 200-300 Jahre
Höhe: 19 m Krone: 16 m
Umfang: 380 cm
Forstamt: Diez
Besonderheiten: Verzweigung in 8 Hauptäste in 2 m Höhe, Sommerlinde
Standort: in Eppenrod an der Ecke Hauptstraße/Isselbacherstraße

33 Eiche in Eppenrod

Baumart: Eiche
Alter: ca. 300-400 Jahre
Höhe: 22 m Krone: 20 m
Umfang: 400 cm
Forstamt: Diez
Besonderheiten: knorriger Stamm, ausladende Krone, Stieleiche
Standort: auf der Wiese vor der Turnhalle in Eppenrod

34 Eiche bei Hirschberg

Baumart: Eiche
Alter: ca. 300 Jahre
Höhe: 22 m Krone: 20 m
Umfang: 410 cm
Forstamt: Diez
Besonderheiten: ausladende, runde Krone, Stieleiche
Standort: Nord-West-Ecke Abt. 1 Hirschberg, als Solitär vor dem Waldrand

35 Christianseiche im Stadtwald Diez

Baumart: Eiche
Alter: ca. 400 Jahre
Höhe: 22 m Krone: 20 m
Umfang: 460 cm
Forstamt: Diez
Besonderheiten: beuliger Stamm, Zwieselung in etwa 6 m Höhe, stark verzweigt, Traubeneiche
Standort: im Osten des Stadtwaldes Diez

36 Dorflinde in Horhausen

Baumart: Linde
Alter: ca. 750 Jahre
Höhe: 22 m Krone: 25 m

Umfang: 480 cm
Forstamt: Diez
Besonderheiten: Die Sommerlinde soll am Dorfbrunnen z.Zt. der Ortsgründung gepflanzt worden sein (vor ca. 750 Jahren).
Standort: in der Ortsmitte neben dem Kinderspielplatz

37 Kastanien am Mineralbrunnen von Geilnau

Baumart: Roßkastanie
Alter: ca. 200 Jahre
Höhe: 27 m Krone: 15 m
Umfang: 420 cm
Forstamt: Diez
Besonderheiten: knorrige, starke Stämme
Standort: am Ortsausgang nach Balduinstein, am Mineralbrunnen

38 Spitzahorngruppe am Schloßbrunnen in Diez

Baumart: Ahorn
Alter: ca. 200 Jahre
Höhe: 19-21 m Krone: 12 m
Umfang: 280 cm
Forstamt: Diez
Besonderheiten: knorrige Stämme,

stark verzweigt, um den Brunnen gruppiert
Standort: am Brunnen zwischen Schloß und Amtsgericht in Diez

39 Eiche am neuen Friedhof in Diez

Baumart: Eiche
Alter: ca. 300-400 Jahre
Höhe: 20 m Krone: 20 m
Umfang: 395 cm
Forstamt: Diez
Besonderheiten: Zwieselung in 2 m Höhe, weitere Verästelung des linken Astes in 5 m Höhe, Stieleiche
Standort: an der Straßenecke am Parkplatz gegenüber dem neuen Friedhof

40 Roßkastanie an der Kirche St. Peter in Diez

Baumart: Roßkastanie
Alter: ca. 200 Jahre
Höhe: 16 m Krone: 19 m
Umfang: 355 cm
Forstamt: Diez
Besonderheiten: kurzer, knorriger Stamm, 7 Hauptäste, Krone ausladend
Standort: an der Kirche St. Peter

41 Linde am Schloß Schaumburg

Baumart: Linde
Alter: ca. 500-600 Jahre
Höhe: 15 m Krone: 15 m
Umfang: 410 cm
Forstamt: Diez
Besonderheiten: kurzer, knorriger Stamm, ausladende Krone, Winterlinde
Standort: unterhalb der Schaumburg am Waldecker Hof

42 Walnußbaum »auf den Bergen« von Flacht

Baumart: Walnußbaum
Alter: ca. 200 Jahre
Höhe: 21 m Krone: 14 m
Umfang: 250 cm
Forstamt: Diez
Besonderheiten: ausladende Krone
Standort: am Berghang über dem Nord-West-Ende von Flacht am Wasserbehälter

43 Kastanie am Börnchen bei Holzheim

Baumart: Roßkastanie
Alter: ca. 200 Jahre
Höhe: 20 m Krone: 18 m
Umfang: 300 cm
Forstamt: Diez
Besonderheiten: starke Verastung in 3 m Höhe
Standort: im Wiesental am Holzheimer Grund, am Weg zur Abt. 7/10 im Südwesten des Ortes

44 Dicke Eiche in Horhausen

Baumart: Eiche
Alter: ca. 250 Jahre
Höhe: 20 m Krone: 10 m
Umfang: 350 cm
Forstamt: Diez
Besonderheiten: voll bekronter Solitär mit auffallend geschwungenen Ästen, Stieleiche
Standort: verlängerte Schulstraße rechts am Waldrand oberhalb des Forstbetriebsgebäudes bei Horhausen

45 Toreiche in Dausenau

Baumart: Eiche
Alter: ca. 800-1000 Jahre
Höhe: 20 m Krone: 14 m
Umfang: 800 cm
Forstamt: Nassau
Besonderheiten: besonders schönes Ensemble von Stadtmauer, Stadttor, Lahn und Bahn
Standort: Dausenau, vor dem Stadttor neben der Lahnbrücke
Literatur: Fr. 89, Go.81

46 Knauteiche bei Misselberg

Baumart: Eiche
Alter: ca. 400 Jahre
Höhe: 30 m Krone: 25 m
Umfang: 670 cm
Forstamt: Nassau
Besonderheiten: walzenförmiger Stamm, in 10-12 m Höhe buquettförmig aufgeteilt
Standort: 100 m vor dem Ort führt ein Weg am Waldrand nach Süden, nahe Grillplatz »Im Paradies«
Literatur: Fr. 89

47 Maleiche bei Nassau

Baumart: Eiche
Alter: ca. 800 Jahre
Höhe: 16 m Krone: 20 m
Umfang: 460 cm
Forstamt: Nassau
Besonderheiten: einer der letzten Zeugen mittelalterlicher Grenzmarkierungen
Standort: Abt. 53, auf der Gemarkungsgrenze Nassau und Singhofen, dort von Nassau auf der B 260 bis zur Höhe, dann Waldweg links, 1 km nach Osten. Traubeneiche steht in einer Gruppe alter Buchen und Eichen.
Literatur: Fr. 89

48 Schöne Eiche bei Endlichhofen

Baumart: Eiche
Alter: ca. 400 Jahre
Höhe: 20 m Krone: 22 m
Umfang: 700 cm

Forstamt: Nastätten
Besonderheiten: mächtiger walzenförmiger Stamm mit baldachinähnlicher Krone, deren Äste stark geschwungen sind
Standort: 100 m südwestlich von Endlichhofen an der Straße von Oelsberg nach Ruppertshofen
Literatur: Fr. 89, Go.81

49 Speierling bei Waldorf

Baumart: Speierling
Alter: ca. 80 Jahre
Höhe: 11 m Krone: 10 m
Umfang: 110 cm
Forstamt: Andernach
Besonderheiten: Stamm stark drehwüchsig, Krone einseitig in 5 m Höhe angesetzt, Rest einer alten Streuobstanlage, heute noch bewirtschaftet
Standort: im Waldwinkel im Gemeindewald vor Abt. 3, von Waldorf über Wanderweg nach Rodder, Waldeingang 100 m nach Nord-Nord-West

50 Baumgruppe im Park des Klosters Maria Laach

Baumart: Buche, Linde, Eiche
Alter: ca. 200-250 Jahre
Höhe: ca. 40 m Krone: 15-20 m
Umfang: 250-300 cm
Forstamt: Andernach
Besonderheiten: dekorative Gruppe
Standort: zwischen Gutshof und Weiher auf einem Damm zur Mauer, an der Landstraße von Mendich nach Wassenach

51 Eiche an der Klostereinfahrt Maria Laach

Baumart: Eiche
Alter: ca. 400 Jahre
Höhe: 22 m Krone: 20 m
Umfang: 503 cm
Forstamt: Andernach
Besonderheiten: starker Stamm, in 5 m Höhe sich in mehrere Hauptarme auflösend (5-7), brettartige Rinde, auffallend stark verzweigte Äste
Standort: am Klostereingang an der Mauer zum Parkplatz, in Richtung Kloster links

52 Buchenallee am alten Friedhof Maria Laach

Baumart: Buche
Alter: ca. 200-250 Jahre
Höhe: 40 m Krone: 20 m
Umfang: 350-400 cm
Forstamt: Andernach
Besonderheiten: besonders mächtige säulenförmige Buchen, Allee etwa 300 m lang, im oberen Teil des alten Friedhofs steht eine eindrucksvolle 3-stämmige Buche
Standort: rechts vor dem Friedhof abzweigender Waldweg, 15-20 m Reihenabstand, in der Reihe 8-10 m, einzelne Bäume im Friedhof

53 Buche am Waldeingang zur Jägerspitze bei Kruft

Baumart: Buche
Alter: ca. 250-300 Jahre
Höhe: 26 m Krone: 15-20 m
Umfang: 390 cm
Forstamt: Andernach
Besonderheiten: einseitige Krone, Randbaum mit Elefantenfuß
Standort: Rundweg am Laacher-See gegenüber dem Kloster Maria Laach, daneben eine ganze Gruppe von Buchen

54 Napoleonseiche bei Honerath

Baumart: Eiche
Alter: ca. 250 Jahre
Höhe: 22 m Krone: 16 m
Umfang: 370 cm
Forstamt: Honerath
Besonderheiten: kurzer knorriger Stamm von ca. 6 m, starke Verastung, Randbaum, Traubeneiche
Standort: Staatswald Honerath

55 Buchenallee bei Aremberg

Baumart: Buche
Alter: 288 Jahre
Höhe: ca. 34 m Krone: 20 m
Umfang: 320 cm
Forstamt: Honerath
Besonderheiten: starke, überwiegend knorrige, beulige Stämme, meist Tiefzwiesel, einseitige Kronen
Standort: Abt. 180 Staatswald, am Aremberg

56 Eiche in Ohlenhardt

Baumart: Eiche
Alter: ca. 400 Jahre
Höhe: 20 m Krone: 20 m
Umfang: 370 cm
Forstamt: Honerath
Besonderheiten: sehr knorriger Stamm von ca. 8 m Höhe, starke Verastung, tief und ausladend bekront, gesund, Traubeneiche
Standort: Ortseingang im Südwesten von Ohlenhardt

57 Eiche bei Kalenborn

Baumart: Eiche
Alter: ca. 450 Jahre
Höhe: 19 m Krone: 20 m
Umfang: 490 cm
Forstamt: Kaisersesch
Besonderheiten: kurzer Stamm, weit ausladende Pilzkrone
Standort: am alten Weg nach Dermel, etwa 300 m östlich von Ortsmitte

58 Dicke Eiche in Gillenbeuren

Baumart: Eiche
Alter: ca. 450-500 Jahre
Höhe: 23 m Krone: 18 m
Umfang: 425 cm

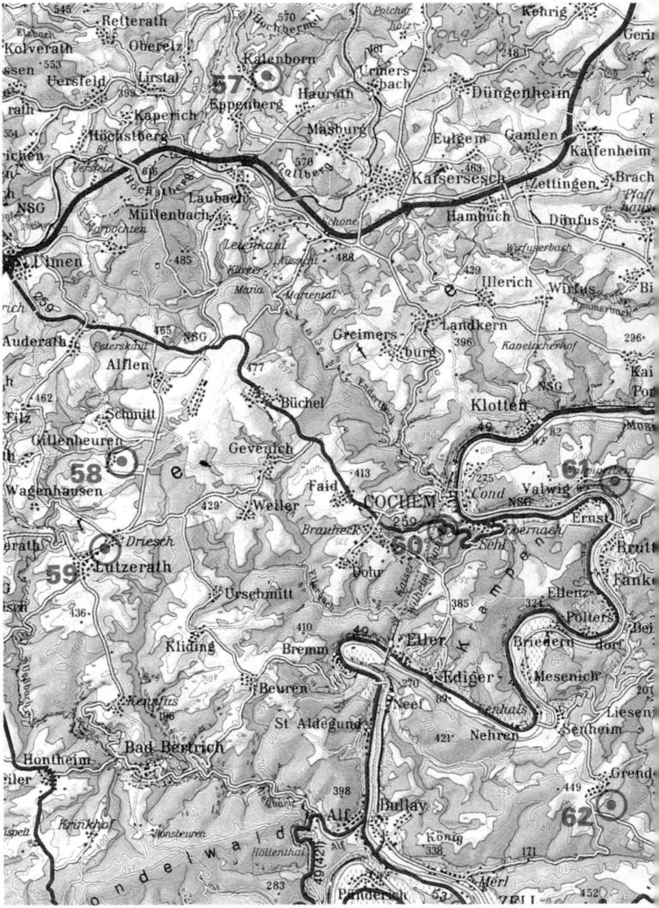
Retterath
Kolverath
Oberelz
Kalenborn
Uersfeld
Lirstal
57
Eppenberg
Hauroth
Urmersbach
Düngenheim
Kaperich
Höchstberg
Masburg
Eulgem
Gamlen
Kaifenheim
Kaisersesch
Zettingen
Laubach
Müllenbach
Hambuch
Dünfus
NSG
Ulmen
Illerich
Wirfus
Landkern
Auderath
Alflen
Greimersburg
Büchel
Klotten
Schmitt
Gillenbeuren
Gevenich
58
Wagenhausen
Faid
COCHEM
61
Valwig
Weiler
Ernst
60
Driesch
Lutzerath
59
Dohr
Urschmitt
Ellenz
Poltersdorf
Kliding
Bremm
Eller
Briedern
Beuren
Ediger
Mesenich
Neef
St Aldegund
Nehren
Senheim
Bad Bertrich
Hontheim
Bullay
Alf
62
Krinkhof
Höllenthal
Pünderich
Merl

Forstamt: Kaisersesch
Besonderheiten: gesunder Stamm, Krone teilweise gebrochen, 4 weitere Eichen im Südteil des Ortes
Standort: Ortsmitte

59 Eiche in Driesch

Baumart: Eiche
Alter: ca. 400 Jahre
Höhe: 19 m Krone: 19 m
Umfang: 425 cm
Forstamt: Kaisersesch
Besonderheiten: stark verastet, beulig, gesund, weitere Eiche am östlichen Ortsrand
Standort: westlicher Ortsausgang

60 Lescherlinde bei Cochem

Baumart: Linde
Alter: 500-550 Jahre
Höhe: 27 m Krone: 24 m
Umfang: 575 cm
Forstamt: Cochem
Besonderheiten: in 4 m Höhe gezwieselt
Standort: östlich des Lescherhofes am Waldrand

61 Dicke Eiche auf dem Valwigerberg

Baumart: Eiche
Alter: ca. 500 Jahre
Höhe: 21 m Krone: 22 m
Umfang: 410 cm
Forstamt: Cochem
Besonderheiten: Solitär
Standort: am Sportplatz, Ostteil von Valwigerberg

62 Der Preisbaum bei Grenderich

Baumart: Eiche
Alter: ca. 400 Jahre
Höhe: 24 m Krone: 21 m
Umfang: 450 cm
Forstamt: Cochem
Besonderheiten: Blitzleiste im Südosten, starke Verastung
Standort: ca. 150 m südöstlich von Grenderich am Weg nach Hesweiler

63 Hedwigseiche bei Boppard

Baumart: Eiche
Alter: ca. 200 Jahre
Höhe: 23 m Krone: 24 m
Umfang: 350 cm
Forstamt: Boppard
Besonderheiten: beuliger Stamm,

Verastung ab 4 m, 6 Hauptäste in 8-10 m, Traubeneiche
Standort: Stadtwald Boppard Abt. 122, im Nordwesten von Boppard

64 Fünf-Finger-Kiefer bei Udenhausen

Baumart: Kiefer
Alter: ca. 100 Jahre
Höhe: 25 m Krone: 10 m
Umfang: 250 cm
Forstamt: Boppard
Besonderheiten: 5 Hauptäste tief angesetzt
Standort: Stadtwald Boppard Abt. 4c

65 Kratzenburger Eiche

Baumart: Eiche
Alter: 200 Jahre
Höhe: 24 m Krone: 14 m
Umfang: 270 cm
Forstamt: Boppard
Besonderheiten: knorriger Stamm,

tiefe volle Krone, Traubeneiche
Standort: südlich Kratzenburg, 200 m in Richtung Ney

66 Kratzenburger Marktbuche

Baumart: Buche
Alter: ca. 300 Jahre
Höhe: 28 m Krone: 25 m
Umfang: 465 cm
Forstamt: Boppard
Besonderheiten: stark beuliger, knorriger Stamm mit ausladender Krone
Standort: Stadtwald Boppard, am alten Marktweg von Kratzenburg nach Boppard

67 Kneippeiche in Morshausen

Baumart: Eiche
Alter: ca. 400-500 Jahre
Höhe: 26 m Krone: 28 m
Umfang: 545 cm
Forstamt: Boppard
Besonderheiten: knorriger Stamm, ausladende Krone, Traubeneiche
Standort: am südwestlichen Ortsrand von Morshausen

68 Liesenfelder Eichen

Baumart: Eiche
Alter: ca. 400 Jahre
Höhe: 22 m Krone: 20 m
Umfang: 410 cm
Forstamt: Boppard
Besonderheiten: tiefe Astansätze, Krone nach Freistellung regeneriert, Traubeneiche
Standort: Gemeindewald Emmelshausen, Abt. 8

69 Saleckeiche bei Dörth

Baumart: Eiche
Alter: ca. 200 Jahre
Höhe: 32 m Krone: 15 m
Umfang: 290 cm
Forstamt: Boppard
Besonderheiten: starker Wurzelanlauf, Traubeneiche
Standort: im Gemeindewald Dörth, Wegweiser an der Landstraße

70 Starke Douglasie bei Boppard

Baumart: Douglasie
Alter: 100 Jahre
Höhe: 35 m Krone: 21 m
Umfang: 330 cm
Forstamt: Boppard
Besonderheiten: 10 m astreiner Schaft
Standort: Boppard »auf der Höhe«, 100 m zu den 3 Eichen, 100 m nach Süden im Wald Abt. 38 a

71 Eiche am Algundis-Markt bei Oberwesel

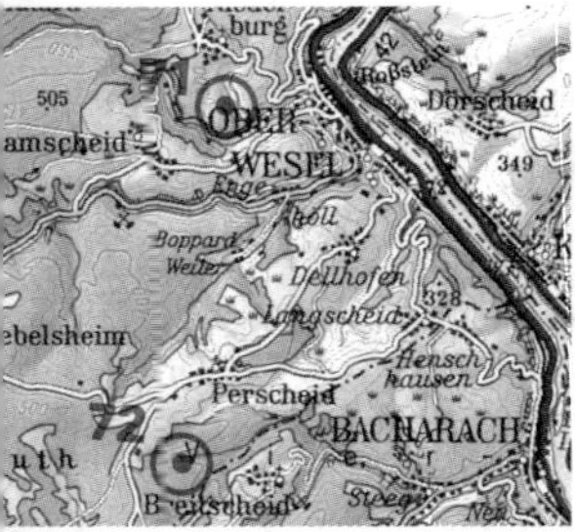

Baumart: Eiche
Alter: ca. 300 Jahre
Höhe: 24 m Krone: 20 m
Umfang: 420 cm
Forstamt: St. Goar
Besonderheiten: Ab 5 m Höhe stark und grob verastete Traubeneiche mit ausladender Krone. Dahinter eine Gruppe von 4 ähnlichen, aber schwächeren Eichen. Alter Viehmarktplatz für die Dörfer der Umgebung.
Standort: Südrand der Abt. 97 des Stadtwaldes Oberwesel, an der »Lingenhahner Straße«

72 Buche am Grasborner Hof bei Perscheid

Baumart: Buche
Alter: ca. 200-300 Jahre
Höhe: 20 m Krone: 18 m
Umfang: 480 cm
Forstamt: St. Goar
Besonderheiten: Verzweigung in 2 m Höhe in 4 knorrige Äste, in 10 m weitere Verzweigung, tiefbekront
Standort: an der K 43 zwischen Perscheid und Erbach in der Nähe des Grasborner Hofes

73 Eiche in Buch

Baumart: Eiche
Alter: ca. 500-600 Jahre
Höhe: 24 m Krone: 16 m
Umfang: 660 cm
Forstamt: Kastellaun
Besonderheiten: mächtiger Stamm, an der Kreuzung zweier Straßen
Standort: am Nordwestausgang des Dorfes
Literatur: Go. 81

74 Galgeneichen bei Bell

Baumart: Eiche
Alter: ca. 500 Jahre
Höhe: 20 m Krone: 20 m
Umfang: 400 cm
Forstamt: Kastellaun
Besonderheiten: 4 Eichen auf dem Markt über der ehemaligen Richtstätte
Standort: Gemarkung Bell, im Wäldchen neben Tierpark
Literatur: Fr. 89

75 Eiche bei Hausen

Baumart: Eiche
Alter: 500 Jahre
Höhe: 18 m Krone: 16 m
Umfang: 410 cm
Forstamt: Rhaunen
Besonderheiten: kurzer Stamm mit stark aufgelöster Krone, viele Verzweigungen
Standort: an der Straße Rhaunen-Hausen gegenüber der Hausener Mühle in einem Fichtenbestand

Dicke Eiche bei Freiracher Dorf 12

Linde am Hof Neuroth bei Bilkenheim 23

P
Gasthaus
Königsbacher

Königsfichte bei Pelm 115

Eiche am Hollersbrunnen
im Weiherhof 152

Kiefer auf dem Teufelstisch bei Hinterweidenthal **176**

Buche bei Leitersweiler 11

76 Eiche bei Bollenbach

Baumart: Eiche
Alter: ca. 350 Jahre
Höhe: 21 m Krone: 17 m
Umfang: 490 cm
Forstamt: Rhaunen
Besonderheiten: Mittelpunkt eines Feldgehölzes in der freien Flur
Standort: 1100 m südöstlich von Bollenbach

77 Eiche bei Wickenrodt

Baumart: Eiche
Alter: ca. 400 Jahre
Höhe: 25 m Krone: 15 m
Umfang: 500 cm
Forstamt: Rhaunen
Besonderheiten: starker Solitär, einseitig bekront
Standort: 800 m südostwärts von Wickenrodt an einem Feldweg

78 Zwei Linden an der Heiligenbösch-Kirche bei Leisel

Baumart: Linde
Alter: ca. 350 Jahre
Höhe: 22 m Krone: 20 m
Umfang: 410 cm
Forstamt: Idar-Oberstein
Besonderheiten: schönes Ensemble von Bäumen und Kirche
Standort: an der Heiligenbösch-Kirche

79 Schafseiche bei Leisel

Baumart: Eiche
Alter: ca. 275 Jahre
Höhe: 21 m Krone: 12 m
Umfang: 500 cm
Forstamt: Idar-Oberstein
Besonderheiten: früher trieben die Schafhirten die Tiere in einen Pferch

unter der Eiche
Standort: 300 m nördlich der Heiligenbösch-Kirche im Distrikt 425 »Schanks Floss«

80 Eiche unterm Weissenstein bei Schwollen

Baumart: Eiche
Alter: 500 Jahre
Höhe: 25 m Krone: 12 m
Umfang: 400 cm
Forstamt: Idar-Oberstein
Besonderheiten: starker Stamm mit hoch angesetzter Krone
Standort: am Weissenstein

81 Zigeunereiche bei Oberhambach

Baumart: Eiche
Alter: ca. 500 Jahre
Höhe: 22 m Krone: 16 m
Umfang: 530 cm
Forstamt: Idar-Oberstein

Besonderheiten: Lagerplatz und Treffpunkt der Zigeuner
Standort: östlich der B 269 am Gasthaus Ruppenthal

82 Pautersch-Eiche bei Rinzenberg

Baumart: Eiche
Alter: ca. 500 Jahre
Höhe: 20 m Krone: 20 m
Umfang: 600 cm
Forstamt: Birkenfeld
Besonderheiten: einseitige Krone. Der Name geht auf die Flurbezeichnung zurück
Standort: am Schnittpunkt des Weges Rinzenberg-Oberhambach mit der B 269

83 Eiche im Hunsrück

Baumart: Eiche
Alter: ca. 500 Jahre
Höhe: 18 m Krone: 18 m
Umfang: 515 cm
Forstamt: Idar-Oberstein
Besonderheiten: markanter Baum an einem Aussichtspunkt innerhalb der schönen Hunsrücklandschaft
Standort: am Ortsverbindungsweg Rinzenberg-Oberhambach
Literatur: Fr. 89

84 Eiche bei Ellenberg

Baumart: Eiche
Alter: ca. 500 Jahre
Höhe: 13 m Krone: 10 m
Umfang: 405 cm
Forstamt: Birkenfeld
Besonderheiten: knorriger Solitär, markanter Blickpunkt, Krone stark reduziert, Ostseite des Stammes abgefault
Standort: ca. 1 km nördlich Ellenberg, an der B 269

85 Eiche an der Traun bei Dambach

Baumart: Eiche
Alter: 400 Jahre
Höhe: 18 m Krone: 26 m
Umfang: 410 cm
Forstamt: Birkenfeld
Besonderheiten: zweite, etwa gleichalte Eiche 30 m westlich, direkt an der Traun
Standort: an der Traun zwischen Ellweiler und Brandmühle über der Brücke an der L 165

86 Alte Eiche in Weiersbach

Baumart: Eiche
Alter: ca. 450 Jahre
Höhe: 25 m Krone: 22 m
Umfang: 425 cm
Forstamt: Birkenfeld
Besonderheiten: beuliger Stamm, starke Wurzelanläufe, Zwiesel
Standort: auf dem Sandhübel in Weiersbach

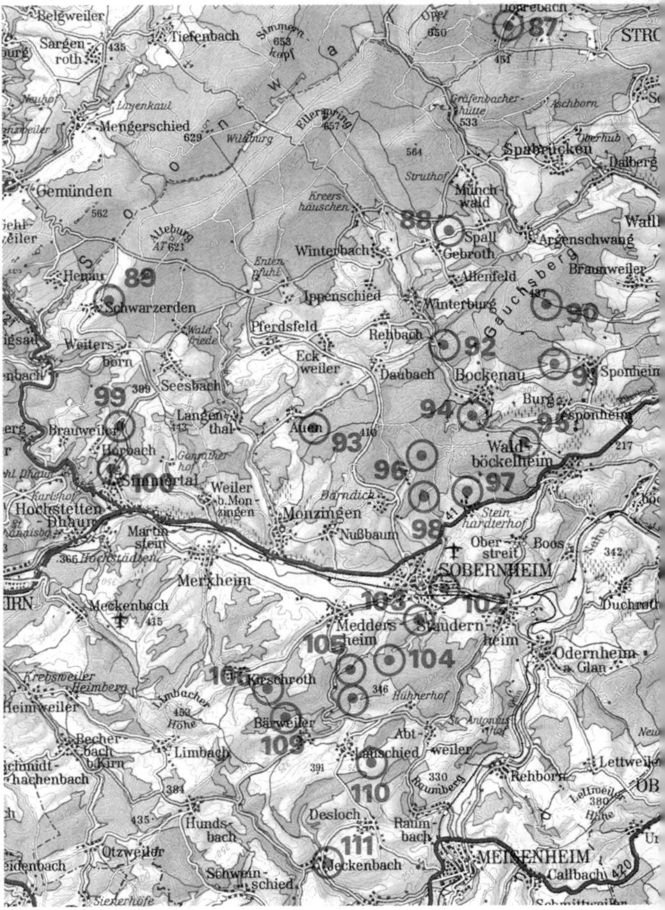
Belgweiler
Sargen-
roth
Tiefenbach
Simmerner
653
Kopf
650
87
Layenkaul
Mengerschied
629
Wildburg
Ellerspring
657
Gräfenbacher-
hütte
533
Aschborn
Oberhub
Spabrücken
Dalberg
564
Struthof
Münch-
wald
Gemünden
562
Kreers
häuschen
88
Spall
Gebroth
Argenschwang
Wall
Alteburg
AT 621
Winterbach
Enten-
pfuhl
Allenfeld
Gauchsberg
Braunweiler
89
Schwarzerden
Ippenschied
Winterburg
437
90
Pferdsfeld
Rehbach
92
Weiters-
born
Eck-
weiler
Daubach
Bockenau
Sponheim
99
389
Seesbach
Burg
94
Langen-
thal
Auen
95
Brauweiler
93
410
Wald-
böckelheim
Horbach
Gonrather
hof
96
217
97
Simmertal
100
Weiler
b.Mon-
zingen
Darndich
Karlshof
Hochstetten-
Dhaun
Monzingen
98
Stein-
hardterhof
Martin-
stein
Nußbaum
Ober-
streit
Boos
Nahe
342
366
Hochstädten
SOBERNHEIM
Merxheim
103
102
Duchroth
KIRN
Meckenbach
415
Medders-
heim
Staudern-
heim
105
104
Odernheim
a. Glan
Krebsweiler
Heimberg
106
Kirschroth
Limbacher
452
Höhe
346
Hühnerhof
Heimweiler
Bärweiler
St. Antonius
hof
Becher-
bach
b.Kirn
109
Limbach
Abt-
weiler
Lauschied
Lettweiler
391
110
330
Raumberg
Rehborn
Lettweiler
380
Höhe
384
Desloch
435
Hunds-
bach
Raum-
bach
111
Otzweiler
MEISENHEIM
Jeckenbach
Schwein-
schied
Callbach
420
Sienerhöfe

87 Zweibeinbuche im Soonwald

Baumart: Buche
Alter: ca. 160 Jahre
Höhe: 25 m Krone: 15 m
Umfang: 145/190 cm
Forstamt: Neupfalz
Besonderheiten: Die beiden Buchen wachsen in 2 m Höhe so innig zusammen, daß man nicht einmal die Verwachsungsstelle sehen kann.
Standort: Abt. 49, vom Waldparkplatz an der Kreuzung der Straßen nach Gräfenbacher Hütte und Dörrenbach auf der geteerten Waldstraße 500 m nach Nordwesten und auf dem großen Schneisenkreuz rechts nach Nordosten. Auf dem Waldweg 300 m bis zu einem leuchtenden Birkenbestand.
Literatur: Fr. 89

88 Alter Birnbaum in Gebroth

Baumart: Birnbaum
Alter: ca. 100 Jahre
Höhe: 15 m Krone: 12 m
Umfang: 85 cm
Forstamt: Entenpfuhl
Besonderheiten: selten gewordener alter Obstbaum
Standort: oberhalb des Gemeindefriedhofes

89 Linde in Schwarzerden

Baumart: Linde
Alter: ca. 250 Jahre
Höhe: 15 m Krone: 13 m
Umfang: 320 cm
Forstamt: Kirn

Besonderheiten: voll bekronter Solitär mit auffallend geschwungenen, stark verzweigten Ästen
Standort: Parkplatz Mühlstraße

90 Versammlungseiche bei Sponhei

Baumart: Eiche
Alter: 290 Jahre
Höhe: 15 m Krone: 23 m
Umfang: 290 cm
Forstamt: Sobernheim
Besonderheiten: kurzstämmig mit ausladender Krone, Stammhöhe 2,20 m
Standort: von Allenfeld aus kommend (L 238) in Richtung Argenschwang, Waldeingang Forstweg rechts, nach 30 m rechts, auf dem Weg zum Jagdhaus Gauchsters Eiche nach 400 m

91 Rotbuchengruppe im Gemeindewald Sponheim

Baumart: Buche
Alter: ca. 200 Jahre
Höhe: 33 m Krone: 17-20 m
Umfang: 265-298 cm
Forstamt: Sobernheim
Besonderheiten: Gruppe von vier Bäumen mit einem fünften abgängigen und einem gefällten Baum
Standort: Abt. 11 b Gemarkung Sponheim

92 Eiche bei Winterburg

Baumart: Eiche
Alter: ca. 250 Jahre
Höhe: 22 m Krone: 20 m
Umfang: 425 cm
Forstamt: Sobernheim

Besonderheiten: ausladende Krone, Stammlänge 5 m
Standort: von Bockenau L 108 in Richtung Winterburg, nach Abzweigung in Richtung Daubach, 300 m links der Straße

93 Rotbuche bei Auen

Baumart: Buche
Alter: ca. 180 Jahre
Höhe: 32 m Krone: 20 m
Umfang: 260 cm
Forstamt: Sobernheim
Besonderheiten: weitausladende Krone
Standort: parallel zur Hauptstraße in der Ortslage Auen, von Daubach kommend erste Straße links in Richtung Wald

94 Eiche bei Bockenau

Baumart: Eiche
Alter: ca. 400 Jahre
Höhe: 25 m Krone: 20 m
Umfang: 460 cm
Forstamt: Sobernheim
Besonderheiten: sehr knorrige Eiche, Stammhöhe 5 m
Standort: Wochenendgebiet bei Bockenau am Waldeingang

95 Eiche bei Waldböckelheim

Baumart: Eiche
Alter: 400 Jahre
Höhe: 24 m Krone: 17 m
Umfang: 470 cm
Forstamt: Sobernheim
Besonderheiten: knorrige Eiche
Standort: von Waldböckelheim L 108 Richtung Bockenau, Abzwei-

gung Gaststätte »Leo's Ruh«, weiter bis Waldeingang, nach ca. 1 km des Weges

96 Kurfürsten Eiche im Stadtwald Sobernheim

Baumart: Eiche
Alter: ca. 600 Jahre
Höhe: 27 m Krone: 15 m
Umfang: 455 cm
Forstamt: Sobernheim
Besonderheiten: knorrige Eiche
Standort: von Sobernheim K 20 in Richtung Flugplatz Pferdsfeld, etwa 50 m nach Kurhaus Moosberg, Feldweg rechts bis zur Höhe

97 Eiche im Sobernheimer Wald

Baumart: Eiche
Alter: ca. 300 Jahre
Höhe: 25 m Krone: 10 m
Umfang: 400 cm
Forstamt: Sobernheim
Besonderheiten: durch Blitzschlag geschädigt
Standort: von Sobernheim L 233 in Richtung Steinhardt, Sobernheimer Brücke nach links Feldweg, nach Waldeingang auf gleichem Weg 800 m

98 Dicke Eiche bei Sobernheim

Baumart: Eiche
Alter: ca. 250 Jahre
Höhe: 16 m Krone: 25 m
Umfang: 380 cm
Forstamt: Sobernheim
Besonderheiten: stark verzweigte, großkronige Eiche mit Hauptstammhöhe von 2,50 m

Standort: von Sobernheim L 232 in Richtung Meddersheim, nach Nahebrücke links ab, erster Feldweg rechts, nach 300 m erster Feldweg nach links, Eiche nach 100 m

99 Bäume am Keils Eck bei Simmertal

Baumart: Eiche/Buche
Alter: ca. 200 Jahre
Höhe: 20 m Krone: 20 m
Umfang: 380/400/420 cm
Forstamt: Entenpfuhl
Besonderheiten: stattliche Bäume in der Eschen-Erlen-Aue
Standort: an der L 230, 200 m vom Horbacher Bahnhof Richtung Seesbach

100 Vogelkirche bei Simmertal

Baumart: Kirche
Alter: 80 Jahre
Höhe: 20 m Krone: 12 m
Umfang: 200 cm
Forstamt: Entenpfuhl
Besonderheiten: schöner Wuchs
Standort: an der Abzweigung von der L 230 zur K 13 nach Horbach

101 Gerichtseiche bei Bruschied

Baumart: Eiche
Alter: ca. 400-500 Jahre
Höhe: 19 m Krone: 25 m
Umfang: 455 cm
Forstamt: Kirn
Besonderheiten: Traubeneiche, Gipfel ausgebrochen, Stammfäule
Standort: am alten Sportplatz, am Waldrand westlich des Ortes

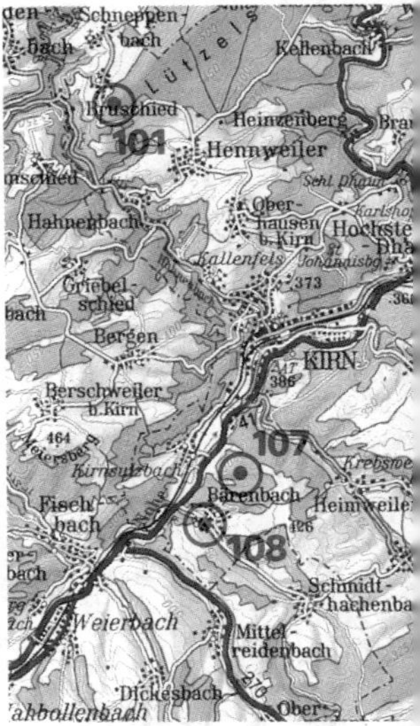

102 Alte Buchen an Hubertuslust bei Sobernheim

Baumart: Buche
Alter: ca. 140 Jahre
Höhe: 30 m Krone: 25 m
Umfang: 220-340 cm
Forstamt: Sobernheim
Besonderheiten: knorrige starkkronige Buchen, Fläche: 500 qm
Standort: von Sobernheim K 20 in Richtung Flugplatz Pferdsfeld, 50 m nach Kurhaus Moosberg Feldweg rechts bis zur Höhe, 50 m nach rechts im Bereich Schutzhütte Hubertuslust

103 Dicke Buche bei Sobernheim

Baumart: Buche
Alter: ca. 200 Jahre
Höhe: 28 m Krone: 20 m
Umfang: 320 cm
Forstamt: Sobernheim
Besonderheiten: breit ausladende Buche mit 8 m Stammhöhe
Standort: Abt. 12 b, Gemeindewald Sobernheim

104 Eiche im Wald bei Meddersheim

Baumart: Eiche
Alter: ca. 230 Jahre
Höhe: 18 m Krone: 16 m
Umfang: 530 cm
Forstamt: Sobernheim
Besonderheiten: knorrige Eiche, teilweise saniert
Standort: Gemarkung Meddersheim, Abt. 3 a 2

105 Zwei Eichen bei Meddersheim

Baumart: Eiche
Alter: 230/180 Jahre
Höhe: 23 m Krone: 12/14 m
Umfang: 520/270 cm
Forstamt: Sobernheim
Besonderheiten: 8 m starker Stamm
Standort: 1. Eiche: an der L 376 von Meddersheim in Richtung Abtweiler, etwa 300 m vor der Lohmühle. 2. Eiche: zwischen Lohmühle und Hottenmühle, an der L 376.

106 Alte Eiche bei Kirchroth

Baumart: Eiche
Alter: ca. 180 Jahre
Höhe: 22 m Krone: 20 m
Umfang: 360 cm
Forstamt: Sobernheim

Besonderheiten: stark verzweigter, großkroniger Baum, Stammhöhe 3,50 m
Standort: von Kirchroth kommend Richtung Gemeindewald, 80 m nach der zweiten Kreuzung

107 Dicke Buche am Dietersfelsen bei Bärenbach

Baumart: Buche
Alter: ca. 200-300 Jahre
Höhe: 22 m Krone: 21 m
Umfang: 290 cm
Forstamt: Kirn
Besonderheiten: starke Wurzelanläufe, volle Krone, gut beastet
Standort: an der B 41 in Richtung Kirn, Waldrand Dietersfelsen

108 Eiche am Dornenbusch bei Bärenbach

Baumart: Eiche
Alter: ca. 250-330 Jahre
Höhe: 16 m Krone: 16 m
Umfang: 390 cm
Forstamt: Kirn
Besonderheiten: vollkroniger Baum, kurzer Stamm, stark verastet
Standort: oberhalb des Friedhofs in kleinem Feldgehölz, westlich von Bärenbach

109 Vier Traubeneichen bei Bärweiler

Baumart: Eiche
Alter: ca. 180 Jahre
Höhe: 26 m Krone: 20 m
Umfang: 270/240/270/250 cm
Forstamt: Sobernheim
Besonderheiten: Viererverband, aus Stockausschlag (Niederwald) entstanden, inmitten Buchenbestand
Standort: L 376 über Hottenbach, dann Weg 250 m nach rechts

110 Kiefer bei Lauschied

Baumart: Kiefer
Alter: 150 Jahre
Höhe: 23 m Krone: 18 m
Umfang: 360 cm
Forstamt: Sobernheim
Besonderheiten: stark stämmig verzweigt, Grundstammhöhe 1,40 m, Bäume ragen wie eine Hand gen Himmel
Standort: von Meddersheim Richtung Abtweiler (L 376), nach Abzweigung Bärweiler erster Teerweg links, Richtung Gemeindewald, ca. 1,5 km zweite Kreuzung im Wald, dann Kiefer

111 Linde am Friedhof von Jeckenbach

Baumart: Linde
Alter: ca. 300 Jahre
Höhe: 17 m Krone: 16 m
Umfang: 300 cm
Forstamt: Bad Münster a. St./ Ebernburg
Besonderheiten: 2 m Stamm, dann 3 Hauptäste
Standort: am Friedhofseingang

Regierungsbezirk Trier
Daun

Baumart: Linde
Alter: ca. 200 Jahre
Höhe: 23 m Krone: 23 m
Umfang: 280 cm
Forstamt: Gerolstein
Besonderheiten: Hauptäste ab 12 m Höhe, tiefe und volle Bekronung
Standort: etwa 100 m westlich der Kirche in Roth

112 Dorflinde in Roth

113 Alte Buchen an der Kasselburg bei Pelm

Baumart: Buche
Alter: ca. 200-300 Jahre
Höhe: 34 m Krone: 20 m
Umfang: 405 cm
Forstamt: Gerolstein
Besonderheiten: beulige knorrige Stämme, stark verastet, tiefe volle Kronen, markant
Standort: alle innerhalb des Adler- und Wolfsparks, 2 am Waldrand nördlich des Ziegengeheges, 1 am Eingang zur Burg, 1 im Burghof, 1 an der Mauer am Nordrand der Burg

114 Befreiungsbuche bei Berlingen

Baumart: Buche
Alter: ca. 200-300 Jahre
Höhe: 24 m Krone: 20 m
Umfang: 315 cm
Forstamt: Gerolstein
Besonderheiten: weithin sichtbar, ausladende Krone
Standort: in Abt. 12 a des Gemeinschaftswaldes Berlingen, auf dem Gipfel eines Basaltkegels

115 Königsfichte bei Pelm

Baumart: Fichte
Alter: 174 Jahre
Höhe: 44 m Krone: 10 m
Umfang: 392 cm
Forstamt: Gerolstein
Besonderheiten: tiefe Solitärbekronung, deutlich herausragend, gepflanzt zur Zeit des Wiener Kongresses, ab 1900 »Königsfichte« genannt
Standort: am Südostrand der Abt. 12 des Gemeindewaldes Pelm

Baumart: Kiefer
Alter: ca. 200 Jahre
Höhe: 18 m Krone: 10 m
Umfang: 310 cm (235 cm »Eva«)
Forstamt: Gerolstein
Besonderheiten: beulige Stämme etwa 10 m hoch, schüttere Krone, Stamm der »Eva« stark beschädigt und saniert, typische Kiefernkrone im Schneebruchgebiet
Standort: im Gemeindewald Birresborn, an der Ecke der Abt. 43/45/46 am Waldrand

116 »Adam und Eva«-Kiefern bei Birresborn

Baumart: Ulme
Alter: ca. 350 Jahre
Höhe: 14 m Krone: 17 m
Umfang: 340 cm
Forstamt: Prüm-Süd
Besonderheiten: Hauptstamm im oberen Teil abgestorben, Seitenäste

117 Ulme auf dem Kockelberg bei Üttfeld

der Bergulme bis zum Boden abgesenkt, Kugelkrone
Standort: auf dem Kockelberg beim Haus Fink

118 Starkeiche in Merlscheid

Baumart: Eiche
Alter: ca. 350 Jahre
Höhe: 18 m Krone: 18 m
Umfang: 440 cm
Forstamt: Prüm-Süd
Besonderheiten: starker beuliger Erdstamm, der in 6 m Höhe zwieselt
Standort: beim Haus Gietzen in Merlscheid

119 Roteiche bei Larscheid

Baumart: Roteiche
Alter: ca. 200 Jahre
Höhe: 20 m Krone: 16 m
Umfang: 250 cm
Forstamt: Prüm-Süd
Besonderheiten: Baum mit außergewöhnlich schönem, voll bekrontem Wuchs
Standort: Ortsverbindungsweg Larscheid-Gesoltz beim Haus Juchmes

120 Eiche in Burscheid

Baumart: Eiche
Alter: 250 Jahre
Höhe: 18 m Krone: 14 m
Umfang: 380 cm
Forstamt: Neuerburg
Besonderheiten: vollkroniger Baum
Standort: vor Haus Bretz in Burscheid

Euscheid
Lierfeld
Eilscheid
Herzfeld
Sengerich
117
Hafenbach
Kinzenburg
118
Merlscheid
Dackscheid
Lascheid
119
Lichtenborn
Heilhausen
Pintesfeld
Manderscheid
Hargarten
Waxweiler
Lambertsberg
Irrhausen
Arzfeld
Lauperath
Plütscheid
Niederpierscheid
Mauel
Heilenbach
Olmscheid
Windhausen
Oberpierscheid
Jucken
Krautscheid
Heilbach
Emmelbaum
Ammeldingen b. Neuerburg
Uppershausen
Philippsweiler
Berkoth
Zweifelscheid
Plascheid
Burscheid
120
Merkeshausen
Oberweiler
Niederweiler
Karlshausen
Leimbach
Scheuern
Fischbach
Altscheid
Echtershausen
Hütten
Neuhütten
NEUERBURG
Hamm
Scheitenkorb
Weidingen
Herbstmühle
Oberraden
Wiersdorf
Koxhausen
Muxerath
Utscheid
Hütterscheid
Feilsdorf
Niederraden
Berscheid
Nasingen
123
Baustert
Brecht
Obergeckler
Sinspelt
Brimingen
Mülbach
Bauler
Niedergeckler
Hisel
Geichlingen
Burg
Oberweis
Kammer
Mettendorf
Olsdorf
Niehl
Lahr
124
Bettingen
Hüttingen b Lahr
Halsdorf
Wettlingen
Roth a. Our
Körperich
Stockem
Dockendorf
Enzen
125
Hommerdingen
Nusbaum
Fouhren
126
Gentingen
Niedersgegen
Peffingen
Kruchten
127
Alsdorf

121 Eiche auf dem Rastplatz bei Malberg

Baumart: Eiche
Alter: ca. 220 Jahre
Höhe: 26 m Krone: 20 m
Umfang: 310 cm
Forstamt: Bitburg
Besonderheiten: Baum teilt sich nach kurzem Schaft in mehrere starke Haupttriebe auf
Standort: am Rastplatz an der L 34 nordwestwärts von Malberg

122 Esche beim Althaus Thul in Baden

Baumart: Esche
Alter: ca. 215 Jahre
Höhe: 20 m Krone: 18 m
Umfang: 410 cm
Forstamt: Bitburg
Besonderheiten: tief angesetzte Krone
Standort: am Südwestrand von Baden

123 Dorflinde in Niederraden

Baumart: Linde
Alter: ca. 600-650 Jahre
Höhe: 10 m Krone: 8 m
Umfang: 570 cm
Forstamt: Neuerburg
Besonderheiten: Baumtorso, z.T. aufgerissener Stamm mit verzweigten, zurückgeschnittenen Ästen
Standort: im Dorf

124 Königseiche an der luxemburgischen Grenze

Baumart: Eiche
Alter: ca. 425 Jahre
Höhe: 38 m Krone: 18 m
Umfang: 475 cm
Forstamt: Irrel
Besonderheiten: die stärkste und älteste Eiche der Westeifel
Standort: B 50 von Bitburg nach Luxemburg zur Grenzstation von Vianden, Waldweg 2 km hangaufwärts bis zur Schutzhütte, 50 m links mächtige Traubeneiche, Abt. 9 b
Literatur: Fr. 89

125 Linde an der Klosterkirche in Roth/Our

Baumart: Linde
Alter: ca. 800 Jahre
Höhe: 8 m Krone: 12 m
Umfang: 640 cm
Forstamt: Irrel
Besonderheiten: die Winterlinde teilt sich in 5 starke Äste auf, lebhafte Adventivreiserbildung
Standort: am Eingang zu der dreischiffigen romanischen Basilika aus dem 12. Jahrhundert

126 Eiche in Silberberg

Baumart: Eiche
Alter: ca. 300 Jahre
Höhe: 13 m Krone: 15 m
Umfang: 350 cm
Forstamt: Irrel
Besonderheiten: Stieleiche, Krone stark zurückgeschnitten
Standort: im Ortsteil Silberberg der Gemeinde Nusbaum

127 Linde bei der Hubertuskirche in Wolsfeld

Baumart: Linde
Alter: ca. 300 Jahre
Höhe: 20 m Krone: 14 m
Umfang: 400 cm
Forstamt: Irrel
Besonderheiten: Stamm löst sich nach 4 m in mehrere Hauptäste auf, starke Adventivreiserbildung, gute Symbiose zwischen Kultur- und Naturdenkmal
Standort: vor der Kirche

128 Alte Huteeiche in Gielert

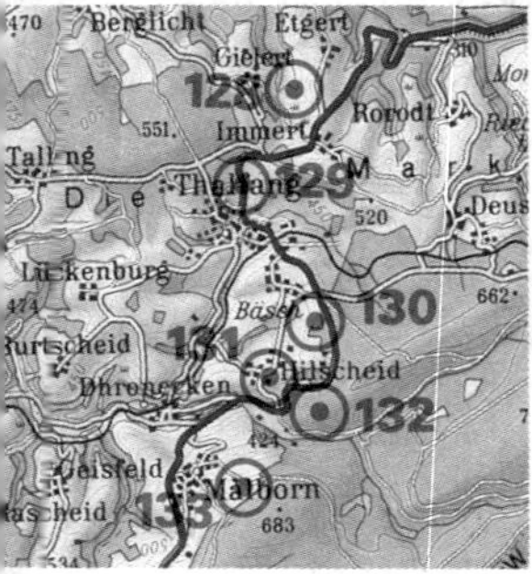

Baumart: Eiche
Alter: ca. 300-400 Jahre
Höhe: 16 m Krone: 18 m
Umfang: 385 cm
Forstamt: Dhronecken
Besonderheiten: Kurzer knorriger Stamm mit starken Wurzelanläufen, starke ausgedehnte Verastung, weite Pilzkrone, Stamm hohl, saniert. Weitere ca. gleichalte und gleichgeformte Huteeichen am nördlichen Ortsende von Gielert.
Standort: am Ortseingang von Gielert aus Richtung Thalfang

129 Kandelaberulme beim Forstamt Drohnecken

Baumart: Ulme
Alter: ca. 100 Jahre
Höhe: 23 m Krone: 18 m
Umfang: 325 cm
Forstamt: Dhronecken
Besonderheiten: auffallende Form: Kandelaberäste, in den letzten Jahren kränkelnd

Standort: innerhalb des Schloßgeländes (Forstamt) am Wohnhaus (Wohnhof)

Baumart: Eiche
Alter: ca. 400 Jahre
Höhe: 23 m Krone: 16 m
Umfang: 515 cm
Forstamt: Dhronecken
Besonderheiten: kurzer knorriger Stamm, erster Hauptast in 4 m Höhe, in etwa 8 m Höhe Hauptverastung, Stamm hohl (faul), saniert, Krone locker, nach Sanierung erholt
Standort: am Forsthaus Hilscheid

130 Eiche am Forsthaus Hilscheid

131 Hilscheider Dorfeiche

Baumart: Eiche
Alter: ca. 300 Jahre
Höhe: 20 m Krone: 20 m
Umfang: 305 cm
Forstamt: Dhronecken
Besonderheiten: kurzer Stamm, dann ausgedehnte Verastung, breite Pilzkrone
Standort: Ortslage Hilscheid an der Hauptstraße im östlichen Ortsteil

132 Präsidentenbuche bei Hilscheid

Baumart: Buche
Alter: ca. 200 Jahre
Höhe: 31 m Krone: 18 m
Umfang: 380 cm
Forstamt: Dhronecken
Besonderheiten: glatter Stamm bis etwa 16 m Höhe, dann Zwieselung, tiefe und volle Krone
Standort: Staatswald Röderbach, Abt. 22 b 1 unterhalb des Waldweges im Bestandesrand

133 Dicke Buche bei Malborn

Baumart: Buche
Alter: ca. 300 Jahre
Höhe: 22 m Krone: 24 m
Umfang: 395 cm
Forstamt: Dhronecken
Besonderheiten: kurzer beuliger Stamm auf etwa 4 m, dann drei Hauptäste, weit ausladende Krone
Standort: am Weg von der Gemeinde Malborn in das Hohltriefbachtal

134 Dorfeichen in Rodt

Baumart: Eiche
Alter: ca. 450 Jahre
Höhe: 13/16 m Krone: 26 m

Umfang: 445/470 cm
Forstamt: Quint
Besonderheiten: zwei Bäume, kurze knorrige Stämme, starke Verastung, breite Pilzkrone, markante Anlage
Standort: Ortslage Rodt, östlicher Ortsteil

135 Hochzeitseiche bei Kordel

Baumart: Eiche
Alter: 300-400 Jahre
Höhe: 20 m Krone: 21 m
Umfang: 415 cm
Forstamt: Kasel
Besonderheiten: kurzer knorriger gedrehter Stamm, untere Äste abgebrochen
Standort: an der K 29 nach Hochmark am Grillplatz, Gemeindewald Kordel

136 Loricher Edelkastanien

Baumart: Edelkastanie
Alter: ca. 300 Jahre
Höhe: 19 m Krone: 18 m
Umfang: 415 cm
Forstamt: Kasel
Besonderheiten: zwei weitere gleichalte, ca. gleichstarke Edelkastanien etwa 20 und 40 m entfernt (saniert)
Standort: am östlichen Ortsrand von Lorich an der Kapelle-Weide

137 Steiggrundeiche bei Ehrang

Baumart: Eiche
Alter: ca. 250 Jahre
Höhe: 22 m Krone: 20 m
Umfang: 400 cm
Forstamt: Kasel
Besonderheiten: knorriger Stamm von etwa 7 m, weit ausladende Krone, im Ostteil eingeengt
Standort: Ecke Linkenbachweg und Ameisenkopfweg, Abt. 40, Stadtwald Trier, Revier Ehrang

138 Bildcheseiche bei Ehrang

Baumart: Eiche
Alter: ca. 200-250 Jahre
Höhe: 22 m Krone: 12 m
Umfang: 305 cm
Forstamt: Kasel
Besonderheiten: sehr beuliger, stark beasteter Stamm, im Bestand eingeengte Krone
Standort: in Abt. 55 b Stadtwald Trier, Revier Ehrang, Linkenbachweg hochfahren bis zum Plateau (Abt. 55/47), an der Wegespinne links abbiegen

139 Zeder vor der Porta Nigra in Trier

Baumart: Zeder
Alter: ca. 100 Jahre
Höhe: 20 m Krone: 21 m
Umfang: 390 cm
Forstamt: Kasel
Besonderheiten: ein weit ausladender, starkastiger Baum
Standort: im alten Klosterhof des St. Josefs-Stiftes, im Norden vor der Porta Nigra
Literatur: Fr. 89

Regierungsbezirk Pfalz
Mainz-Bingen

140 Alter Baumkranz an den »Mattheiser Weihern« bei Trier

Baumart: Eiche, Esche, Speierling, Weide
Alter: Eiche und Esche ca. 200 Jahre, Speierling ca. 125 Jahre, Weide ca. 100 Jahre
Höhe: 18-26 m Krone: 8-12 m
Umfang: 200-300 cm
Forstamt: Kasel
Besonderheiten: Stiel- und Traubeneichen, Eschen, Weiden, insbesondere 13 Speierlinge. Knorrige starke Stämme, teilweise hohl mit ausladenden Kronen, saniert. Markante Umrahmung der Weiher.
Standort: reihen- bis streifenweise an den Ufern der »Mattheiser Weiher« im Südwest-Teil der Stadt Trier

141 Gerichtseichen bei Oberdiebach

Baumart: Eiche
Alter: ca. 400-500 Jahre
Höhe: 13 m Krone: 10 m
Umfang: 335 cm
Forstamt: Bingen
Besonderheiten: Gruppe von 3 besonders knorrigen Stieleichen mit verschiedenen Kronenformen auf alter Gerichtsstätte
Standort: am Waldrand an den »Roten Wiesen« in der Nähe der Hochspannungsleitung gegenüber »Jettenborn«

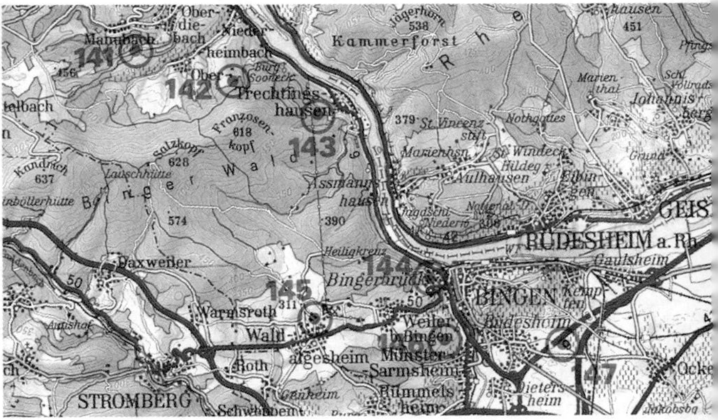

142 Eiche im Oberheimbacher Wald

Baumart: Eiche
Alter: ca. 300-400 Jahre
Höhe: 19 m Krone: 18 m
Umfang: 330 cm
Forstamt: Bingen
Besonderheiten: knorriger, beuliger Stamm, 7 m hoch, dann Zwieselung in Hauptäste, eine weitere 200jährige Eiche am Weg
Standort: Gemarkung Oberheimbach, Gemeindewald Oberheimbach Abt. 4 unterhalb der Skipiste

143 Trechtinghauser Eichen

Baumart: Eiche
Alter: ca. 300-400 Jahre
Höhe: 22 m Krone: 20 m
Umfang: 320 cm
Forstamt: Bingen
Besonderheiten: 3 m hoher Stamm, dann 2 starke Hauptäste, die sich in

eine weit ausladende Krone verzweigen, auf etwa 1 Hektar weitere gleichalte, ähnliche Eichen in lichtem Stand, bemerkenswerte Formen
Standort: Gemarkung Trechtinghausen Abt. 3/6 »Lempenhell«, Gemeindewald Trechtinghausen

144 Kaiserkranz bei Bingen

Baumart: Fichte
Alter: 185 Jahre
Höhe: 41 m Krone: 15-20 m
Umfang: 255 cm
Forstamt: Bingen
Besonderheiten: Kranz von 6 Fichten, beulige, stark beastete Stämme, Pflanzung 1804 anläßlich der Krönung Napoleons
Standort: Abt. 64 Stadtwald Bingen, 300 m westlich des Jägerhauses

145 Kaltwassereiche bei Waldalgesheim

Baumart: Eiche
Alter: ca. 400 Jahre
Höhe: 16 m Krone: 12 m
Umfang: 355 cm
Forstamt: Bingen
Besonderheiten: kurzer, sehr knorriger Stamm, relativ schmale Krone, Hauptast an der Nordseite abgebrochen
Standort: Gemarkung Waldalgesheim, Waldecke oberhalb des Wochenendgebietes

146 Bodmanneiche bei Weiler

Baumart: Eiche
Alter: ca. 200 Jahre
Höhe: 23 m Krone: 25 m
Umfang: 290 cm
Forstamt: Bingen
Besonderheiten: knorriger, stark beasteter Stamm, weit ausladende Krone, an markanter Stelle
Standort: Wegekreuzung »Bodmannstein« Abt. 113.2 des Stadtwaldes Bingen

147 Alte Eiche im Büdesheimer Wald

Baumart: Eiche
Alter: ca. 400 Jahre
Höhe: 21 m Krone: 18 m
Umfang: 480 cm
Forstamt: Bingen
Besonderheiten: knorriger Stamm, etwa 6 m, dann 5 Hauptäste, Kronenschwerpunkt zum Feldrand hin
Standort: nördlich Waldrand an Abt. 3.2 des Büdesheimer Waldes (Stadt Bingen)

148 Eiche in Rommersheim

Baumart: Eiche
Alter: ca. 300 Jahre
Höhe: 18 m Krone: 20 m
Umfang: 355 cm
Forstamt: Alzey
Besonderheiten: kurzer Stamm mit ausladender gesunder Krone, markantes Objekt vor der Kirche, Stieleiche
Standort: an der evangelischen Kirche

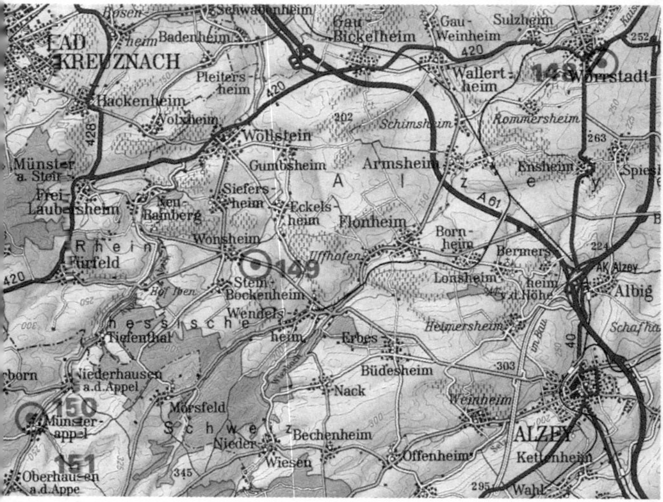

149 Friedenseiche in Wonsheim

Baumart: Eiche
Alter: ca. 350 Jahre
Höhe: 20 m Krone: 18 m
Umfang: 360 cm
Forstamt: Alzey
Besonderheiten: voll bekronter Solitär, markantes Objekt, Friedenseiche des 30jährigen Krieges
Standort: Ortsmitte Wonsheim

150 Speierling bei Winterborn

Baumart: Speierling
Alter: ca. 120-150 Jahre
Höhe: 21 m Krone: 12 m
Umfang: 165 cm
Forstamt: Winnweiler
Besonderheiten: kurzer Stamm, in 5

m Höhe 4 Hauptäste, starke gesunde Krone, Früchte in Apfelform, im Revier weitere 83 Speierlinge
Standort: Staatswald Winnweiler, Abt. II 14, Perrbach

151 Alte Eiche in der Heid bei Winterborn

Baumart: Eiche
Alter: ca. 400-500 Jahre
Höhe: 21 m Krone: 18 m
Umfang: 420 cm
Forstamt: Winnweiler
Besonderheiten: Traubeneiche mit kurzem knorrigem Stamm mit hohen Wurzelanläufen und starker sekundärer Verastung, erste Krone abgebrochen
Standort: Abt. I 8, Heid

152 Eiche am Hollerbrunnen im Weiherhof

Baumart: Eiche
Alter: ca. 500-600 Jahre
Höhe: 18 m Krone: 15 m
Umfang: 550 cm
Forstamt: Kirchheimbolanden
Besonderheiten: auffallend stark geschwungene Äste mit Wimmerwuchs

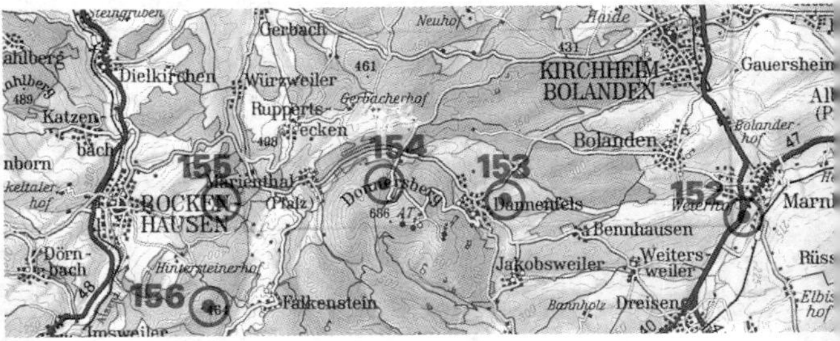

Standort: Bolanden Ortsteil Weiherhof, am Westrand des Dorfes am Hollerbrunnen. Der Baum soll vor der Gründung des Dorfes vor 350 Jahren Grenzbaum gewesen sein.

153 Die Edelkastanie von Dannenfels

Baumart: Edelkastanie
Alter: ca. 350 Jahre
Höhe: 20 m Krone: 12 m
Umfang: 550 cm
Forstamt: Kirchheimbolanden
Besonderheiten: Naturdenkmal
Standort: in Dannenfels an der Abzweigung der Straße nach Bennhausen

154 Ottobuche am Donnersberg

Baumart: Buche
Alter: ca. 200 Jahre
Höhe: 41 m Krone: 18 m
Umfang: 470 cm
Forstamt: Kirchheimbolanden
Besonderheiten: Ein Schaft wie eine Säule, gerade, ohne nach oben abzunehmen, 15 m ohne Äste, gewidmet dem langjährigen Vorsitzenden (1912-1931) des Pfälzer Wandervereins, Otto Reinheimer.
Standort: Von der Kreuzung am Bastenhaus 50 m nach Süden zweigt westwärts ein Waldweg ab, der am unteren Hang um den Pfriemenschlag herumführt, nach ca. 1,5 km Ottobuche in einer Mulde.
Literatur: Fr. 89

155 Kümmelsbach-Lärchen bei Rockenhausen

Baumart: Lärche
Alter: ca. 200 Jahre
Höhe: 33 m Krone: 15 m
Umfang: 310 cm
Forstamt: Winnweiler
Besonderheiten: starker Wurzelanlauf, Krone ca. 50% der Gesamthöhe, weitere Lärchen gleichen Alters in der Nähe
Standort: Staatswald, Abt. Kümmelsbach

156 Elsbeere am Gehlenberg bei Rockenhausen

Baumart: Elsbeere
Alter: ca. 150 Jahre
Höhe: 21 m Krone: 12 m
Umfang: 210 cm
Forstamt: Winnweiler
Besonderheiten: erste Äste in 6 m Höhe, starke Verzweigung in 10 m Höhe, Krone teilweise im Bestand eingeengt
Standort: Abt. II 1 c, Gehlenberg, Gemeindewald

157 Hofgutfichte bei Otterberg

Baumart: Fichte
Alter: ca. 150-200 Jahre
Höhe: 28 m Krone: 11 m
Umfang: 345 cm
Forstamt: Otterberg
Besonderheiten: Solitär, bis zum Boden bekront
Standort: Grillplatz, nordöstlich von Otterberg

158 Ruhetal-Eiche bei Otterbach

Baumart: Eiche
Alter: ca. 200 Jahre
Höhe: 23 m Krone: 14 m

Umfang: 280 cm
Forstamt: Otterberg
Besonderheiten: knorriger, langer Stamm, tief bekront, Randbaum, Traubeneiche
Standort: Abt. XVI 2 b, an der B 270 am Eingang des Ruhetals

159 Alte Eiche bei Deimberg

Baumart: Eiche
Alter: ca. 500 Jahre
Höhe: 18 m Krone: 21 m
Umfang: 510 cm
Forstamt: Lauterecken
Besonderheiten: kurzer Stamm, weit ausladende starkastige Krone
Standort: an der Friedhofsmauer

160 Dicke Eiche bei Ulmet

Baumart: Eiche
Alter: ca. 400 Jahre
Höhe: 17 m Krone: 15 m
Umfang: 460 cm
Forstamt: Kusel
Besonderheiten: kurzer knorriger Stamm, starke Verastung, volle gesunde Krone
Standort: etwa 600 m nordöstlich der Ortsmitte

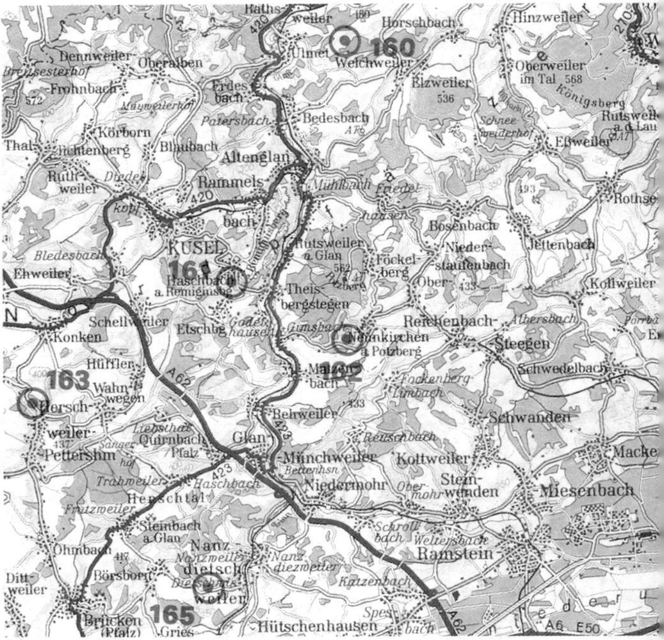

Baumart: Eiche

Alter: ca. 400-500 Jahre

Höhe: 18 m Krone: 17 m

Umfang: 500 cm

Forstamt: Kusel

Besonderheiten: stark wulstiger, beuliger Stamm, Gipfel abgestorben

Standort: 50 m nördlich des Sportplatzes

161 Hubertuseiche bei Haschbach

162 Eiche in der Bachwiese bei Neuenkirchen

Baumart: Eiche
Alter: ca. 400 Jahre
Höhe: 20 m Krone: 21 m
Umfang: 405 cm
Forstamt: Kusel
Besonderheiten: beuliger Stamm, starkastige Krone
Standort: am Fischteich an der Straße nach Gimsbach, etwa 750 m südwestlich von Neuenkirchen

163 Eiche bei Herschweiler-Pettersheim

Baumart: Eiche
Alter: ca. 400 Jahre
Höhe: 27 m Krone: 15 m
Umfang: 410 cm
Forstamt: Kusel
Besonderheiten: starke, einseitige Beastung
Standort: etwa 150 m vom nördlichen Ortsausgang am Waldrand in der Tiefwiese

164 Eiche am Römerbrunnen bei Altenkirchen

Baumart: Eiche
Alter: ca. 450 Jahre
Höhe: 24 m Krone: 26 m
Umfang: 500 cm
Forstamt: Kusel
Besonderheiten: Tiefzwiesel mit ausladender gesunder Krone
Standort: am Hang, etwa 500 m östlich von Altenkirchen

165 Muldeneiche bei Börsborn

Baumart: Eiche
Alter: ca. 500-600 Jahre
Höhe: 20 m Krone: 23 m
Umfang: 620 cm
Forstamt: Kusel
Besonderheiten: kurzer knorriger Stamm
Standort: etwa 500 m hinter dem Ortsausgang von Börsborn nach Steinbach

166 Hagelgrundbuche bei der Eselsfurth bei Kaiserslautern

Baumart: Buche
Alter: ca. 230 Jahre
Höhe: 33 m Krone: 20 m
Umfang: 380 cm
Forstamt: Otterberg
Besonderheiten: mächtiger gut bekronter Solitär
Standort: am Waldrand neben dem südlichen Hagelgrundweg, ca. 1,5 km nordwestlich der Eselsfurth

167 Flickental-Buche bei der Eselsfurth bei Kaiserslautern

Baumart: Buche
Alter: ca. 210 Jahre
Höhe: 35 m Krone: 22 m
Umfang: 360 cm
Forstamt: Otterberg
Besonderheiten: voll bekronter Solitär
Standort: Einmündung des Flickentals in das Hagelgrundtal, ca. 1,0 km nordwestlich der Eselsfurth am südlichen Hagelgrundweg

168 Hexenkiefer bei Kaiserslautern

Baumart: Kiefer
Alter: ca. 200-250 Jahre
Höhe: 31 m Krone: 12 m
Umfang: 490 cm
Forstamt: Kaiserslautern-Ost
Besonderheiten: Zwiesel ab 2 m Höhe, der sich wie ein Pilz über die darunterstehenden jungen Kiefern schirmt
Standort: Abt. III, 2, L 504 von Kaiserslautern Richtung Parkplatz Hungerbrunnen, 800 m vor Parkplatz links etwa 100 m hangaufwärts am Waldweg, der parallel zur L 504 verläuft

169 Kaiser-Wilhelm-Buche bei Johanniskreuz

Baumart: Buche
Alter: ca. 120-150 Jahre
Höhe: 25-30 m Krone: 20 m
Umfang: 80 cm
Forstamt: Johanniskreuz
Besonderheiten: 2 am Erdboden miteinander verwachsene Buchen, die wie 3 Bäume wirken
Standort: von Johanniskreuz auf der B 48 1,8 km in Richtung Annweiler, Waldweg links ab, unmittelbar am Weg stehend
Literatur: Fr. 89

170 Japanischer Schnurbaum in Weisenheim a.Bg.

Baumart: Schnurbaum
Alter: ca. 150-200 Jahre
Höhe: 19 m Krone: 21 m

Umfang: 400 cm
Forstamt: Bad Dürkheim-Nord
Besonderheiten: Exote, klimatisch anspruchsvoll, kurzer Stamm, reich verzweigte Krone
Standort: Friedhof

171 Mammutbaum in Deidesheim

Baumart: Sequoia
Alter: ca. 100 Jahre
Höhe: 36 m Krone: 9 m
Umfang: 380 cm
Forstamt: Hassloch
Besonderheiten: Park mit interessantem Baumbestand
Standort: Schloßpark Deidesheim, Klimadaten wie in Meran

172 Sumpfzypresse in Deidesheim

Baumart: Zypresse
Alter: ca. 100 Jahre
Höhe: 26 m Krone: 15 m
Umfang: 360 cm
Forstamt: Hassloch
Besonderheiten: interessanter Baumbestand im Park
Standort: Buhl'scher Park an der Bleichstraße

173 Kellereiche bei Merzalben

Baumart: Eiche
Alter: ca. 200-300 Jahre
Höhe: 31 m Krone: 10 m
Umfang: 485 cm
Forstamt: Pirmasens
Besonderheiten: Zwiesel in 20 m Höhe, beuliger Stamm, schüttere Krone, aufwendige Sanierung, Stieleiche, benannt nach dem Forstmeister Keller, etwa um 1900
Standort: Abt. I, 1 Langenbergkopf, an der L 498 Merzalben-Clausen

174 »Dicke Buche« am Seibelsbach bei Rodalben

Baumart: Buche
Alter: ca. 280 Jahre
Höhe: 45 m Krone: 17 m
Umfang: 414 cm
Forstamt: Pirmasens
Besonderheiten: starker Wurzelanlauf, 4 Hauptäste in etwa 10 m Höhe, im Volksmund »Bundesbuche« genannt
Standort: Abt. VII, 5 Seibelsbach

175 Goisau-Lärchen bei Pirmasens

Baumart: Lärche
Alter: ca. 200 Jahre
Höhe: 37 m Krone: 12 m

Umfang: 350 cm
Forstamt: Pirmasens
Besonderheiten: Wertholzbestand, hervorragende Stammformen, lange Kronen, Saatgut aus Tirol von Forstmeister Goisau
Standort: Abt. VII, 9, Wüstlangenbach

Baumart: Kiefer
Alter: 130 Jahre
Höhe: 7 m Krone: 3 m
Umfang: 50 cm
Forstamt: Hinterweidenthal-Ost
Besonderheiten: wächst auf bizarr geformten Sandsteinfelsen
Standort: markierter Wanderweg ab Weidenthal
Literatur: Fr. 89

176 Kiefer auf dem Teufelstisch bei Hinterweidenthal

Baumart: Eiche
Alter: ca. 200-300 Jahre
Höhe: 26 m Krone: 17 m
Umfang: 390 cm
Forstamt: Pirmasens
Besonderheiten: 8 m Stamm, relativ gut geformt, starke Beastung, üppige verzweigte Krone der Traubeneiche
Standort: XIII 7, Waldenburger Eck, Gemarkung Erlenbrunn

177 Eiche am Waldenburger Eck bei Pirmasens

178 Große Eiche bei Erfweiler

Baumart: Eiche
Alter: ca. 300 Jahre
Höhe: 28 m Krone: 25 m
Umfang: 515 cm
Forstamt: Dahn
Besonderheiten: markanter Wege- und Grenzbaum
Standort: Erfweiler in östlicher Richtung, oder von Haunstein in südlicher Richtung auf Höhe 402, einem bekannten Wegekreuz, wo früher Holzkohle gefertigt wurde
Literatur: Fr. 89

179 Alte Hainbuche und Eiche bei Fischbach

Baumart: Hainbuche, Eiche
Alter: 300-350 Jahre
Höhe: 27/31 m Krone: 16/17 m
Umfang: 350/470 cm
Forstamt: Fischbach
Besonderheiten: Hainbuche: tausend Wucherungen, Hügel und Berge bis in die Krone. Eiche: durchgehender Schaft mit starken Beulen, als blickten Köpfe vom Stamm herab.
Standort: Abt. 13 d Forstamt Fischbach, 80 m hangaufwärts von Hainbuche steht die Eiche
Literatur: Fr. 89

180 Linden auf Burg Landeck bei Klingenmünster

Baumart: Linde
Alter: ca. 150-200 Jahre
Höhe: 18 m Krone: 8 m
Umfang: 220 cm
Forstamt: Bad Bergzabern
Besonderheiten: Harmonie von Burg und Baum, 3 Winterlinden, 1 Hainbuche
Standort: im Burghof
Literatur: Fr. 89

181 Speierling bei Bad Bergzabern

Baumart: Speierling
Alter: ca. 250-300 Jahre
Höhe: 11 m Krone: 5 m
Umfang: 180 cm
Forstamt: Bad Bergzabern
Besonderheiten: Relikt alter Obstwirtschaft
Standort: 600 m südöstlich von Dörnbach inmitten der Kirschen in der Flur »Auf der Höhe«, 50 m oberhalb des Höhenweges
Literatur: Fr. 89

182 Dicke Eiche in Reisdorf

Baumart: Eiche
Alter: ca. 300-400 Jahre
Höhe: 24 m Krone: 18 m
Umfang: 420 cm
Forstamt: Bad Bergzabern

Besonderheiten: Grenzbaum, jetzt auch noch Kreisgrenze
Standort: von Gastwirtschaft Reisdorf über geteerten Waldweg zur Pfälzer Hütte, hier starke Edelkastanie, dann 1,2 km aufwärts zum Wegkreuz auf der Höhe 456

183 Wildbirnen im Gerhardskies

Baumart: Wildbirne
Alter: ca. 100 Jahre
Höhe: 18 m Krone: 10 m
Umfang: 270 cm
Forstamt: Bellheim
Besonderheiten: 2 kleinblättrige Wildformen
Standort: am Waldrand des Hartholzauewaldes im Gerhardskies
Literatur: Fr. 89

184 Buchen an der Sauköpfelhütte bei Hördt

Baumart: Buche
Alter: ca. 140 Jahre
Höhe: 35-40 m Krone: 15-20 m
Umfang: 300-400 cm
Forstamt: Bellheim
Besonderheiten: Schönheit des Buchenauewaldes
Standort: unmittelbar an Jagdhütte, Abt. IV 5 b
Literatur: Fr. 89

GERMERSHEIM
183
Wald
Knittelsheim
Bellheim
Landau
184
Natur-
Hördt
schutz-
Rülzheim
Herxheim
weyher
185
gebiet
Kuhardt
Leimersheim
Hardtwald
Rheinzabern
Hatzenbühl
Neupotz
186
RHEIN
Jockgrim
WÖRTH
a. Rhein
Wörther Kreuz
Maxmilansau
187
188
Hagenbach
Daxlanden
Grünwinkel
Forchheim
Neuburg-Weier
Rheinstetten

185 Die große Buche in der Peterslach

Baumart: Buche
Alter: ca. 180 Jahre
Höhe: 40 m Krone: 28 m
Umfang: 510 cm
Forstamt: Bellheim
Besonderheiten: gewaltiger Baum des Hartlaubauewaldes
Standort: Gemarkung Hördt Abt. Peterslach VI 3 a
Literatur: Fr. 89

186 Neupotzer Mutterpappeln

Baumart: Pappel
Alter: ca. 60 Jahre
Höhe: 40 m Krone: 16 m
Umfang: 370 cm
Forstamt: Kandel
Besonderheiten: 8 Pappeln als Ausgangsmaterial der Sorte Neupotz
Standort: Gemarkung Neupotz im Nellgrund I, 1a und 5

187 Starke Flatterulme bei Wörth a.Rh.

Baumart: Ulme
Alter: ca. 200 Jahre
Höhe: 24 m Krone: 12 m
Umfang: 370 cm
Forstamt: Kandel
Besonderheiten: besondere Wüchsigkeit, Flatterulme
Standort: im Affelderle Abt. XXVII, 2 b 1

188 Starkbirke im Affelderle bei Wörth a.Rh.

Baumart: Birke
Alter: ca. 60-70 Jahre
Höhe: 32 m Krone: 12 m
Umfang: 180 cm
Forstamt: Kandel
Besonderheiten: sehr wüchsiger gerader Baum mit Stieleiche vereint
Standort: im Affelderle Abt. XXVII, 2 b 1

Parks und Gärten in Rheinland-Pfalz

Name:	Entstehungszeit:	Größe in ha:
Regierungsbezirk Koblenz		
Landkreis Altenkirchen		
Wehbach-Junkernthal in Kirchen/Sieg	um 1850	
Schloßgarten Schönstein in Wissen/Sieg	erste Hälfte 19. Jahrh.	
Landkreis Bad Kreuznach		
Kurpark Bad Münster a.St.-Ebg.	1898	2,6 ha
Schloß Dhaun in Hochstetten-Dhaun	erste Hälfte 18. Jahrh.	
Klosterruine Disibodenberg am Glan	Ende 19. Jahrh.	2,5 ha
Landkreis Mayen-Koblenz		
Kath. Wallfahrtskapelle St. Maria bei Bassenheim	1662	
Schloßpark Bendorf-Sayn	1848	8,0 ha
Landkreis Neuwied		
Schloßpark Dierdorf	18. Jahrh.	
Kloster Rommersdorf bei Neuwied		

Besonderheiten:	Eigentümer:
Englischer Landschaftsgarten	Frhr. von Hövel
Landschaftspark, gut erhaltene Kastanienallee	Hermann Graf Hatzfeld
interessanter Baum- und Gehölzbestand	Stadt Bad Münster
Barockpark im französischen Stil, der später durch Park im englischen Stil ersetzt wurde, wertvolle Bäume	Zweckverband Schloß Dhaun
herrlicher Baumbestand, historische Stätte	Frfr. von Racknitz
300 Jahre alte Eichen- und Buchenallee	z.T. Gemeinde z.T. Herr von der Osten
wertvoller Baumbestand, dendrologische Seltenheiten	Alexander Fürst zu Sayn-Wittgenstein-Sayn
Landschaftspark mit wertvollen Bäumen	Friedrich Wilhelm Fürst zu Wied
Englischer Garten mit wertvollem Baumbestand	Stiftung Abtei Rommersdorf

Name:	Entstehungszeit:	Größe in ha:
Schloßpark Neuwied	1791-1802	
Schloßgarten Monrepos	18. Jahrh.	
Landkreis Rhein-Hunsrück		
Kurpark Bad Ems	Mitte 19. Jahrh.	7,0 ha
Stadt Trier		
Klostergarten St. Matthias	1808	
Karthäuserhof in Trier-Eitelsbach	1810-1820	1,0 ha
Südliche Weinstraße		
Park des Sanatoriums Bad Gleisweiler	ab 1860	2,0 ha
Stadt Landau i.d. Pfalz		
Schillerpark in Landau		
Sanatorium Bad Gleisweiler	1845	
Kreis Mainz-Bingen		
Villengarten in Nieder-Ingelheim	1850	ca. 5,0 ha

Besonderheiten:	Eigentümer:
wertvolle Bäume	Friedrich Wilhelm Fürst zu Wied
alter Baumbestand	Friedrich Wilhelm Fürst zu Wied
wertvoller Baumbestand	Staatsbad Bad Ems GmbH
bunter Baumbestand	Abtei St. Matthias
exotische Nadelbäume, insbesondere kriechende Eibe	Werner Tyrell
südländische Bäume	Helene Hilz
dendrologisch bemerkenswerte Gehölze	Stadt Landau
Mammutbäume	H. Hiltz
solitäre Laubbäume	Dr. Ernst Emmerling

Name:	Entstehungszeit:	Größe in ha:
Stadt Mainz		
Stadtpark	ab 1879	ca. 11,0 ha
Stadt Worms		
Museumsgarten Kunsthaus Heylshof	1810	
Gottlieben Kapelle mit Schloßpark Herrnsheim	1810	
Landkreis Bad Dürkheim		
Deidesheimer Schloßpark		
Buhlscher Park in Deidesheim		
Landkreis Südliche Weinstraße		
Weingut Kloster-Heilsbruck in Edenkoben	19. Jahrh.	

Der Besuch von privaten Parks und Gärten bedarf der Zustimmung der Eigentümer, wenn nicht Besuchszeiten öffentlich angekündigt sind.

Besonderheiten:	Eigentümer:
alter Baumbestand	Stadt Mainz
alter Baumbestand	Stiftung Freiherr von Heyl zu Herrnstein
Landschaftspark, englischer Stil, alter Baumbestand	Freiherr von Heyl zu Herrnstein
Mammutbäume	Gemeinde
Sumpfzypressen	Gemeinde
alte Maulbeerbäume	Fa. Veberle und Ritzhaupt KG

Wald und Baum im Saarland

Das Saarland war jahrhundertelang Grenzland. Nicht nur Frankreich und Deutschland bemühten sich um dieses Land, auch kleine Fürstentümer waren zeitweilig Eigner von Landesteilen.
Dies hat sich natürlich auf die Waldstrukturen ausgewirkt. Noch viel einschneidender war der Einfluß von Gewerbe und Industrie, die von dem Wald große Opfer forderten.
Vor 3000 Jahren dürften die ersten Siedlungen gegründet worden sein, die den buchenreichen Laubmischwald nicht beeinträchtigten. Erst die Bevölkerungszunahme nach der Völkerwanderung führte vor etwa 1000 Jahren zu einer starken Waldvernichtung, insbesondere in den Tälern und an den Hängen, so daß meist nur die Bergkuppen und Steilhänge dem Wald vorbehalten blieben.
In der Frühindustrialisierung – Bergbau, Glasverhüttung u.a. – mußte der Wald die Energie liefern: Holz und Holzkohle. Nach der französischen Revolution änderten sich zudem die Besitzverhältnisse. Der dörfliche Gemeinschaftswald wurde vielfach in Privateigentum überführt.

Die Gesamtwaldfläche des Saarlandes beträgt 86 000 ha, d.s. 33 % des Landesfläche.
Das Saarland ist ein Land des Laubwaldes. Sein Anteil beträgt 57 %, das ist fast doppelt so viel wie die Vergleichszahl der alten Bundesrepublik (31 %). Erstaunlicherweise liegen auch die Anteile an Eiche mit 24 % und Buche mit 26 % fast gleich hoch – im Bundesgebiet Eiche nur 8 % – und die Mischbaumarten erreichen mit 7 % ebenfalls ein hohes Niveau. Natürlich schaffen die geologischen Gegebenheiten günstige Voraussetzungen: der relativ hohe Anteil an Muschelkalk, das Karbon, das Rotliegende und der Buntsandstein.
Die Nadelbaumarten werden von der Fichte mit 32 % angeführt, Kiefer und Lärche erreichen 11 %.
Heute kommt dem Wald in dem Industriegebiet Saar eine große ökologisch-soziale Bedeutung zu. Allein im Staatswald suchen jährlich 10 Millionen Menschen Erholung. Mit einer naturnahen Bewirtschaftung, die einen vielseitigen, ungleichalten und mehrschichtigen Wald anstrebt, sollen

Lebensräume für Pflanzen und Tiere, ökologische Ausgleichsräume und Erholungsmöglichkeiten für die Menschen geschaffen werden.

In dieser Zielsetzung hat auch die Bewahrung und Pflege alter Bäume ihren Platz. Manche von ihnen sind historische Weiser oder auch Mahnmale wie die Bäume von Schloß Karlsberg bei Homburg, die an eine historische Begebenheit erinnern. Heute wirken sie oft wie Phantasiegebilde aus frühen Märchenzeiten. Andere alte Bäume haben historische Beziehungen wie die Napoleonseiche oder sind Grenz- und Markierungsbäume.

Übersichtskarte Saarland

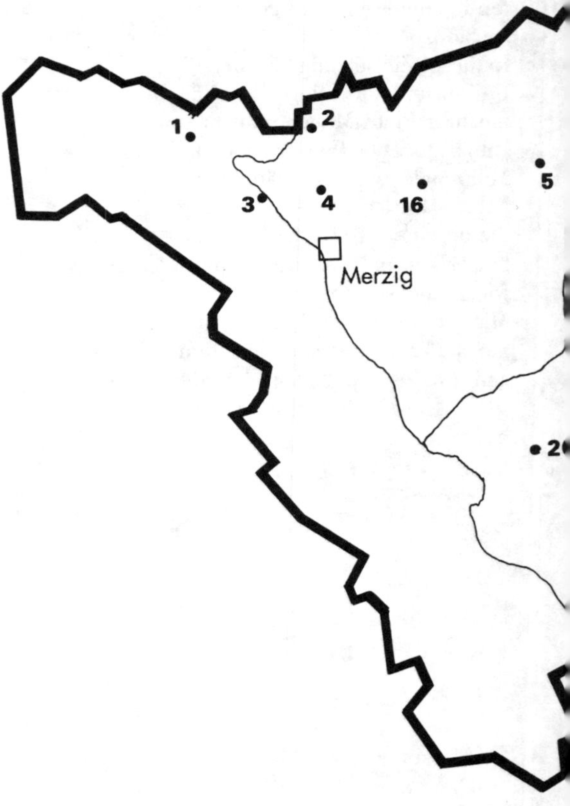

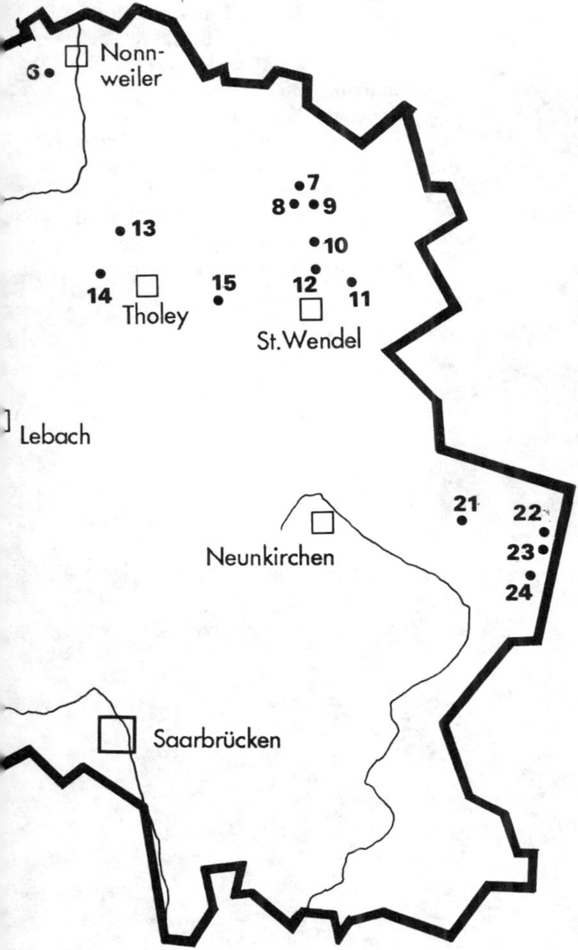
Nonn-
weiler
6
7
8
9
13
10
14
15
12
11
Tholey
St. Wendel
Lebach
21
22
23
24
Neunkirchen
Saarbrücken

Saarland

Merzig-Wadern

1 Bäume im Park Mettlach

Baumart: Buche, Tanne, Fichte
Alter: ca. 100-180 Jahre
Höhe: 20-30 m Krone: 15-20 m
Umfang: 250-400 cm
Forstamt: Mettlach
Besonderheiten: alter Baumbestand mit Ginkgo, Tulpenbaum, Hainbuchen, Platanen, Trauerbuchen, Tannen, Fichten u.a. auf dem Gelände der ehemaligen Benediktinerabtei
Standort: Ortsmitte Mettlach

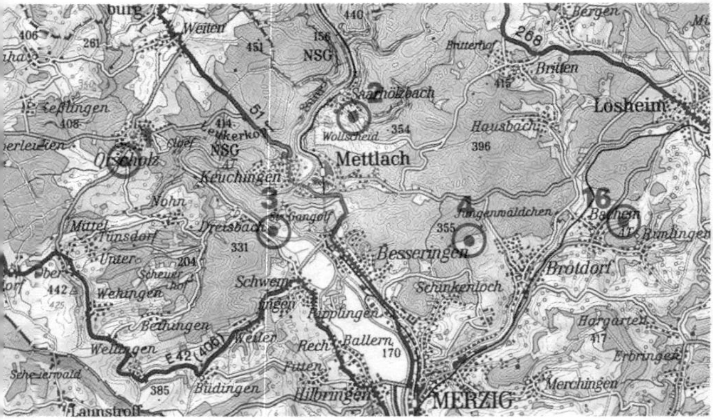

2 Wendalinus Eiche bei Saarhölzbach

Baumart: Eiche
Alter: ca. 300 Jahre
Höhe: 20 m Krone: 15 m
Umfang: 310 cm
Forstamt: Mettlach
Besonderheiten: dem heiligen Wendalinus geweiht
Standort: Gemeindewald Saarhölzbach, Abt. 512.1

3 Huteeichen bei St. Gangolf

Baumart: Eiche
Alter: ca. 400-450 Jahre
Höhe: 26 m Krone: 20 m
Umfang: 610 cm
Forstamt: Mettlach
Besonderheiten: vollbekronte Solitäre mit kurzen knorrigen Stämmen
Standort: B 51 von Mettlach nach Bessringen, Abzweigung rechts nach St. Gangolf, Eichen unterhalb des Gutshofes zur Saar hin

4 Biereiche bei Merzig

Baumart: Eiche
Alter: ca. 400 Jahre
Höhe: 28 m Krone: 20 m
Umfang: 395 cm
Forstamt: Mettlach
Besonderheiten: Traubeneiche, saniert, Rindenschäden
Standort: Straße von Mettlach nach Losheim, 1 km hinter der Abzweigung nach Britten, unmittelbar hinter dem Scheitelpunkt des Waldweges rechts, nach 80 m die Biereiche

St. Wendel

5 Bäume von Schloß Münchweiler

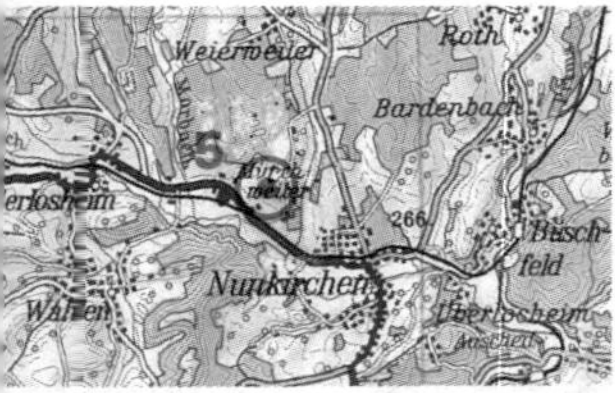

Baumart: Linde
Alter: ca. 300 Jahre
Höhe: 28 m Krone: 25 m
Umfang: 550 cm
Forstamt: Wadern
Besonderheiten: vieltriebiger Baum, ab 3 m Höhe weit ausladende volle Krone, Elefantenfüße, Ort der Schäferspiele
Standort: 700 m nördlich des Schlosses am Weiersweiler Weg Linde mit Kreuz, 1730 gepflanzt zur Hochzeit des Karl Emmerich von Merll mit Freiin von Pritzke.
500 m im Norden des Schlosses in einem Wiesengrund alleinstehend, vor dem nördlichen Eingang der Schloßanlage steht außerdem eine alte Esche aus der Zeit der Schloßgründung zwischen 1750 und 1785.

6 Dicke Buche bei Sitzerath

Baumart: Buche
Alter: ca. 200 Jahre
Höhe: 17 m Krone: 17 m
Umfang: 700 cm
Forstamt: Türkismühle
Besonderheiten: starker Solitär
Standort: Gemarkungsgrenze Sitzerath – Bierfeld – Buchenweg Sitzerath

7 Alte Linde bei Hirstein

Baumart: Linde
Alter: ca. 300-350 Jahre
Höhe: 25 m Krone: 13 m
Umfang: 380 cm

Forstamt: Türkismühle
Besonderheiten: bizarre Wuchsform
Standort: zwischen Eichersbach und Feldweg auf der Flur »Unter der Tausch«

8 Dicke Eiche am Sportplatz von Hirstein

Baumart: Eiche
Alter: ca. 200-250 Jahre
Höhe: 20 m Krone: 13 m
Umfang: 270 cm
Forstamt: Türkismühle
Besonderheiten: letzter Überrest eines Schutzgürtels gegen Westwinde
Standort: Gemarkung Hirstein am Sportplatz

9 Kastanie in Hirstein

Baumart: Kastanie
Alter: ca. 200-250 Jahre
Höhe: 20 m Krone: 10 m
Umfang: 220 cm
Forstamt: Türkismühle
Besonderheiten: die Kastanie prägt das Bild des Anwesens
Standort: im Hof Seibert, Brunnenstraße 4, Namborn

10 Zwei Birnbäume bei Bornerhof

Baumart: Birnbaum
Alter: ca. 80 Jahre
Höhe: 25 m Krone: 20 m
Umfang: 190 cm
Forstamt: Türkismühle
Besonderheiten: zwei Solitärbäume mit weit ausladenden Ästen
Standort: Feldwirtschaftsweg Bornerhof nach Roschberg, zweite rechte Abfahrt

11 Leitersweiler Buchen

Baumart: Buche
Alter: ca. 300-400 Jahre
Höhe: 20-26 m Krone: 10-20 m
Umfang: 300-450 cm
Forstamt: St. Wendel
Besonderheiten: etwa 2 ha großer Hutebestand mit alten knorrigen, teilweise abgestorbenen märchen- und sagenumwobenen Bäumen, Naturdenkmal seit 1913
Standort: östlich von Leitersweiler auf der Bergkuppe in 460 m Seehöhe, Abt. 8 Ermelsheck
Literatur: Fr. 89

12 Alte Eiche bei Roschberg

Baumart: Eiche
Alter: ca. 300-400 Jahre
Höhe: 25 m Krone: 20 m

Umfang: 250 cm
Forstamt: Türkismühle
Besonderheiten: Eiche durch wilde Kirschen stark bedrängt, muß freigestellt werden
Standort: Feldwirtschaftsweg von Roschberg nach Urweiler. Am Waldanfang von Wieselberg links abbiegen, Baum nach 500 m links

13 Eiche auf dem Hofgut Imsbach bei Theley

Baumart: Eiche
Alter: ca. 400 Jahre
Höhe: 35 m Krone: 25 m
Umfang: 520 cm
Forstamt: Türkismühle
Besonderheiten: mächtiger walzenförmiger Schaft mit starker Krone, auf dem Gut sind noch weitere alte Eichen in idyllisch schöner Lage zu sehen
Standort: in einem kleinen Fichtenbestand am Rande eines Wanderweges etwa 800 m vom Gut entfernt
Literatur: Fr. 89

14 Die »Dick Buch« am schwarzen Stock bei Hasborn

Baumart: Buche
Alter: ca. 250 Jahre
Höhe: 21 m Krone: 18 m
Umfang: 315 cm
Forstamt: St. Wendel

Besonderheiten: markanter, die Landschaft prägender Baum
Standort: vom Leitzweiler Hof 500 m nördlich neben der Einmündung des Raupenbaches in den Mühlenbach

15 Große Eiche in Winterbach

Baumart: Eiche
Alter: ca. 170 Jahre
Höhe: 30 m Krone: 25 m
Umfang: 380 cm
Forstamt: St. Wendel
Besonderheiten: starker walzenförmiger Stamm
Standort: hinter dem Kelterhaus in Winterbach

16 Schäfereiche bei Remmesweiler

Baumart: Eiche
Alter: ca. 300 Jahre
Höhe: 20 m Krone: 16 m
Umfang: 430 cm
Forstamt: St. Wendel
Besonderheiten: Kandelaberform,

Zigeunertreffpunkt auf einem Platz am Handelsweg
Standort: an der Straße von Urexweiler nach Remmesweiler, auf einem freien Platz mit gutem Blick über das Land, Abt. 2 Katzenhübel
Literatur: Fr. 89

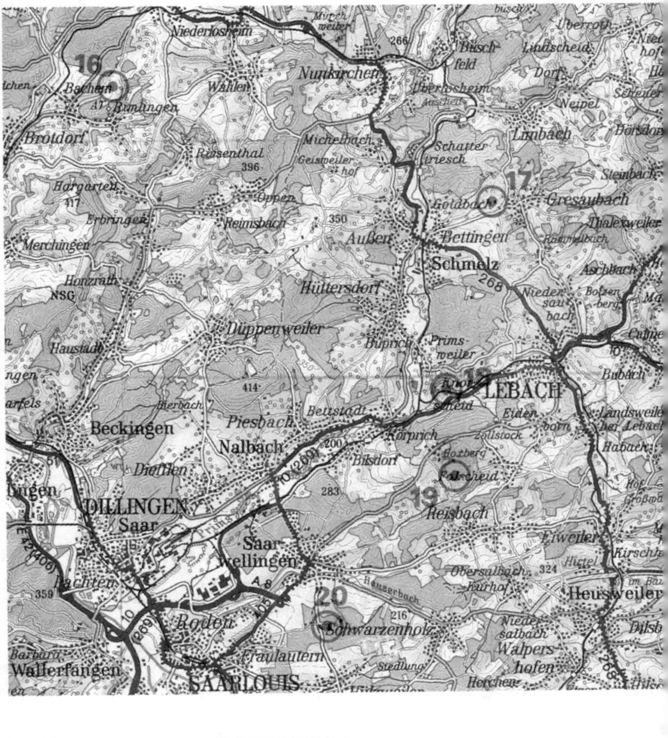

17 Dicke Eiche bei Schmelz

Baumart: Eiche
Alter: ca. 300-400 Jahre
Höhe: 23 m Krone: 18 m
Umfang: 483 cm
Forstamt: Saarlouis
Besonderheiten: alte Mittelwaldeiche
Standort: Revier Schmelz, Abt. 99 Ellerwald am Horst

18 Eibe auf dem Hofgut La Motte bei Lebach

Baumart: Eibe
Alter: ca. 800-1000 Jahre
Höhe: 11 m Krone: 25 m
Umfang: 400 cm
Forstamt: Saarlouis
Besonderheiten: im Park des ehemaligen großen Schlosses, das 1860 bis 1870 abgerissen wurde, um den Schatz von Marie Antoinette zu suchen
Standort: 200 m ostwärts Hofgut an dem ehemaligen Reitplatz des Schlosses

19 Napoleons Eiche auf dem Hoxberg

Baumart: Eiche
Alter: ca. 400-500 Jahre
Höhe: 28 m Krone: 18 m
Umfang: 520 cm
Forstamt: Saarlouis
Besonderheiten: Lagerplatz Napoleons, im 2. Weltkrieg wurde daneben

ein Bunker des Westwalles gebaut, strategischer Punkt
Standort: auf dem Hoxberg, Revier Falscheid, Abt. 77, Labacher Buchwald am Westrand an einer Weide
Literatur: Fr. 89

20 Gericke Eiche im Lachwald bei Saarwellingen

Baumart: Eiche
Alter: ca. 300-350 Jahre
Höhe: 28 m Krone: 20 m
Umfang: 440 cm
Forstamt: Saarlouis
Besonderheiten: mächtige Traubeneiche, nach dem Oberforstmeister Gericke benannt, Sinnbild einer starken Eiche
Standort: im Lachwald 500 m östlich der Straße Hülzweiler-Saarwellingen, in Abt. 47 über jungen Eschen
Literatur: Fr. 89

21 Dicke Eiche bei Kleinottweiler

Baumart: Eiche
Alter: ca. 500-600 Jahre
Höhe: 22 m Krone: 20 m
Umfang: 410 cm
Forstamt: Homburg
Besonderheiten: bereits bei einer

Vermessung von 1564 als »Dicke Eiche« angegeben und beschrieben, erstmals 1531 als große Eiche urkundlich erwähnt, dann als Grenzbaum bezeichnet
Standort: Siedlung Kleinottweiler, Stadtteil von Bexbach, auf der Trennlinie der Waldabt. 93 und 95
Literatur: Fr. 89

22 Herzogskastanien auf dem Karlsberg

Baumart: Edelkastanie
Alter: ca. 220 Jahre
Höhe: 20-25 m Krone: 15 m
Umfang: 300-350 cm
Forstamt: Homburg
Besonderheiten: Relikte des Schlosses Karlsberg bei Homburg, der größten zu Ende des 18. Jahrhunderts erbauten Schloßanlage Europas
Standort: in den ehemaligen Schloßgärten auf dem Karlsberg bei Homburg

23 Die verwachsenen Buchen auf dem Karlsberg

Baumart: Buche
Alter: ca. 120 Jahre
Höhe: 30 m Krone: 20 m
Umfang: 220/140 cm
Forstamt: Homburg

Besonderheiten: zwei Buchen sind so zusammengewachsen, daß sie nur einen Stamm und eine Krone bilden
Standort: ehemalige Meierei des Schlosses Karlsberg, Forstamt Homburg, Abt. 39

24 Gebrannte Eiche bei Homburg

Baumart: Eiche
Alter: ca. 300 Jahre
Höhe: 26 m Krone: 15 m
Umfang: 420 cm
Forstamt: Homburg
Besonderheiten: besonders auffallender knorriger Stamm
Standort: Wald Homburg Süd Abt. 23, an der Kreuzung von Wanderwegen im Waldort »Lange Tannen«, in Wanderkarten gekennzeichnet
Literatur: Fr. 89

Parks und Gärten im Saarland

Name:	Entstehungszeit:	Größe in ha:
Mettlach		
Park mit »Altem Turm« neben Benediktinerabtei	1854	
Garten-Park Landhaus Ziegelberg	1878	
Wadern		
Schloß und Hofgut Münchweiler bei Wadern	18. Jahrh.	
Saarlouis		
Schloß Fremersdorf in Rehlingen	19. Jahrh.	
Saar-Pfalz-Kreis		
Schloßgarten St. Ingbert	19. Jahrh.	
St. Wendel		
Klostergarten Tholey		

Besonderheiten:	Eigentümer:
exotische Bäume	Villeroy & Boch
exotische Bäume	Gemeinde
Kastanienallee	privat
dendrologisch interessante Bäume	E. v. Boch
original Baumbestand	Altersheim
Garten mit mehreren Gestaltungsepochen	Benediktinerabtei St. Mauritius

Hilfe für alte Bäume

Untersuchungen haben gezeigt, daß das Wurzelwachstum der Altbäume von Natur aus schwächer ist und durch die zunehmende Versauerung der Böden zusätzlich stark beeinträchtigt wird. Hinzu kommt, daß alte Bäume ein tiefes Wurzelwerk besitzen, das bis in den Unterboden reicht. Gerade hier sind die Schadstoffe besonders konzentriert. Die Wurzeln im tieferen Bereich verkümmern und können so einen Großteil ihrer Funktionen nicht mehr erfüllen. Die Folge: Viele alte Bäume sterben frühzeitig.
Hilfe muß vor allem bei der Bodenverbesserung ansetzen. Im Anschluß an eine eingehende Bodenanalyse sind Wurzelraumbelüftung, Düngung, Erhöhung der Wasserspeicherfähigkeit und teilweise Bepflanzung des Traufbereiches die wichtigsten Maßnahmen.

Die Sorge um die alten Bäume führte am 7. Februar 1988 zur Gründung des Kuratoriums Alte liebenswerte Bäume in Deutschland e.V. Ziel des Kuratoriums ist die Rettung und Erhaltung alter liebenswerter Bäume, unseres

Waldes und unserer Natur. Das Kuratorium arbeitet dabei eng mit der »Schutzgemeinschaft Deutscher Wald« zusammen.
Maßnahmen zur Rettung alter Bäume können durch persönliche, gemeinsame und öffentliche Baumpatenschaften eingeleitet werden. Das Kuratorium veranlaßt eine Bodenuntersuchung, das Freistellen des Baumes, Belüftung des Wurzelraumes und Düngung in verschiedenen Tiefen und – wenn nötig – chirurgische Eingriffe.

Im nebenstehenden Bild ist eine Wurzelbehandlung schematisch dargestellt.

Werden Sie Baumpate, wenden Sie sich an das Kuratorium.

Ortsregister mit den Nummern der Bäume

Ortsregister
mit den Nummern
der Bäume im Saarland

Literaturhinweise

Die Literaturhinweise beziehen sich auf die Abkürzungen im Katalogteil unter der Rubrik »Literatur«.

Fr. Fröhlich, H.J.	»Alte liebenswerte Bäume in Deutschland« Hamburg 1989
Go. Goerss, H.	»Unsere Baumveteranen« Hannover 1981
St. Stützer, E.	»Die größten, ältesten oder sonst merkwürdigen Bäume Bayerns in Wort und Bild« München 1900 Fortgeführt und bearbeitet von Reuss, J. München 1922
DH Deutscher Heimatbund	Erfassung der historischen Gärten und Parks in der Bundesrepublik Deutschland, Schriftenreihe des Deutschen Heimatbundes, Band 3 1988
HP	Rheinland-Pfalz – Historische Park- und Gartenanlagen Kultusministerium 1980

Bildnachweis

Prof. Dr. Hans-Joachim Fröhlich:
Seite: 16, 17, 18, 19, 21, 22, 23, 26, 27, 28, 40, 52, 53, 54, 64, 70, 89, 98, 105, 106, 109, 110, 111, 112, 114, 132, 134, 136, 137, 138, 139,
III, VII, VIII, IX, X, XI, XII, XIII, XV, XVI.

Walter Obertreis:
Seite: 34, 35, 36, 38, 43, 46, 49, 50, 58, 59, 63, 77, 79, 81, 87, 92, 94, 102, 108,
I, II, IV, V, VI.

Rüdiger Lauer:
Seite: 128, 129,
XIV.

Buchreihe

In der Buchreihe »Wege zu alten Bäumen« sind bisher erschienen:

Bd. 1 – Hessen
1990

Bd. 2 – Bayern
1991

Bd. 3 – Rheinland-Pfalz/
Saarland
1991

Bd. 4 – Nordrhein-Westfalen
in Bearbeitung

Weitere Bände folgen.

Sie können diese Bücher im Buchhandel oder direkt beim Verlag bestellen.

Bestelladresse:
WDV Wirtschaftsdienst OHG
Vertrieb Touristik
Dieselstraße 36

6050 Offenbach

Wenn Sie selbst einen alten Baum kennen, den wir noch nicht aufgeführt haben (auch in anderen Bundesländern), dann füllen Sie einfach den beiliegenden Coupon aus und senden ihn an:

Kuratorium Alte liebenswerte Bäume
in Deutschland e.V.
Wandersmannstraße 60
6200 Wiesbaden-Erbenheim

____

(Land)

Name (falls bekannt): __________________________________

(immer mit Ortsangabe z.B. »Kaisereiche bei Landshut«)

Lage:

Regierungsbezirk: __________________________________

Kreis: __________________________________

Forstamt: __________________________________

Gemarkung: __________________________________

Kreis oder kreisfreie Stadt: __________________________________

Beschreibung des Weges zum Baum und Kennzeichnung seines Standortes:

____

____

____

____

Sie können auch einen Kartenausschnitt mit eingezeichnetem Standort einsenden, das erleichtert das Auffinden.

Beschreibung des Baumes:

Alter geschätzt (s) oder gemessen (m): ____________________

Höhe in Metern geschätzt (s) oder gemessen (m): ____________

Umfang in 1,3 m Höhe in Zentimetern: ____________________

Kronendurchmesser im Mittel in Metern: ____________________

Naturdenkmal (falls bekannt): ja / nein

Eigentümer: ____

____

Besonderheiten des Baumes: (z.B. vollbekronter Solitär mit auffallend geschwungenen Ästen, Krankheiten)

____

____

Geschichte und Literatur (falls bekannt):

____

____

____
(Land)

Name (falls bekannt): ____________________________
(immer mit Ortsangabe z.B. »Kaisereiche bei Landshut«)

Lage:

Regierungsbezirk: ____________________________

Kreis: ____________________________

Forstamt: ____________________________

Gemarkung: ____________________________

Kreis oder kreisfreie Stadt: ____________________________

Beschreibung des Weges zum Baum und Kennzeichnung seines Standortes:

Sie können auch einen Kartenausschnitt mit eingezeichnetem Standort einsenden, das erleichtert das Auffinden.

Beschreibung des Baumes:

Alter geschätzt (s) oder gemessen (m): ____________________

Höhe in Metern geschätzt (s) oder gemessen (m): ____________________

Umfang in 1,3 m Höhe in Zentimetern: ____________________

Kronendurchmesser im Mittel in Metern: ____________________

Naturdenkmal (falls bekannt): ja / nein

Eigentümer: ____

____

Besonderheiten des Baumes: (z.B. vollbekronter Solitär mit auffallend geschwungenen Ästen, Krankheiten)

____

____

Geschichte und Literatur (falls bekannt):

____

____

____
(Land)

Name (falls bekannt): ______________________________
(immer mit Ortsangabe z.B. »Kaisereiche bei Landshut«)

Lage:

Regierungsbezirk: ______________________________

Kreis: ______________________________

Forstamt: ______________________________

Gemarkung: ______________________________

Kreis oder kreisfreie Stadt: ______________________________

Beschreibung des Weges zum Baum und Kennzeichnung seines Standortes:

____

____

____

____

Sie können auch einen Kartenausschnitt mit eingezeichnetem Standort einsenden, das erleichtert das Auffinden.

Beschreibung des Baumes:

Alter geschätzt (s) oder gemessen (m): ______________________________

Höhe in Metern geschätzt (s) oder gemessen (m): ______________________________

Umfang in 1,3 m Höhe in Zentimetern: ______________________________

Kronendurchmesser im Mittel in Metern: ____________________

Naturdenkmal (falls bekannt): ja / nein

Eigentümer: ____

____

Besonderheiten des Baumes: (z.B. vollbekronter Solitär mit auffallend geschwungenen Ästen, Krankheiten)

____

____

Geschichte und Literatur (falls bekannt):

____

____